공웅경 박사의

마음태교

공응경 박사의

마음태교

초판 1쇄 인쇄 2014년 9월 25일
초판 1쇄 발행 2014년 9월 30일

발행인 박해성
발행처 정진출판사
지은이 공응경
편집 김양섭, 박유미
기획마케팅 이훈, 박상훈, 이현주
디자인 · 삽화 허다경
표지디자인 로그트리
야생화 사진 곽창근
출판등록 1989년 12월 20일
주소 136-130 서울특별시 성북구 화랑로 119-8
전화 02-917-9900
팩스 02-917-9907
홈페이지 www.jeongjinpub.co.kr

ISBN 978-89-5700-125-7 *13590

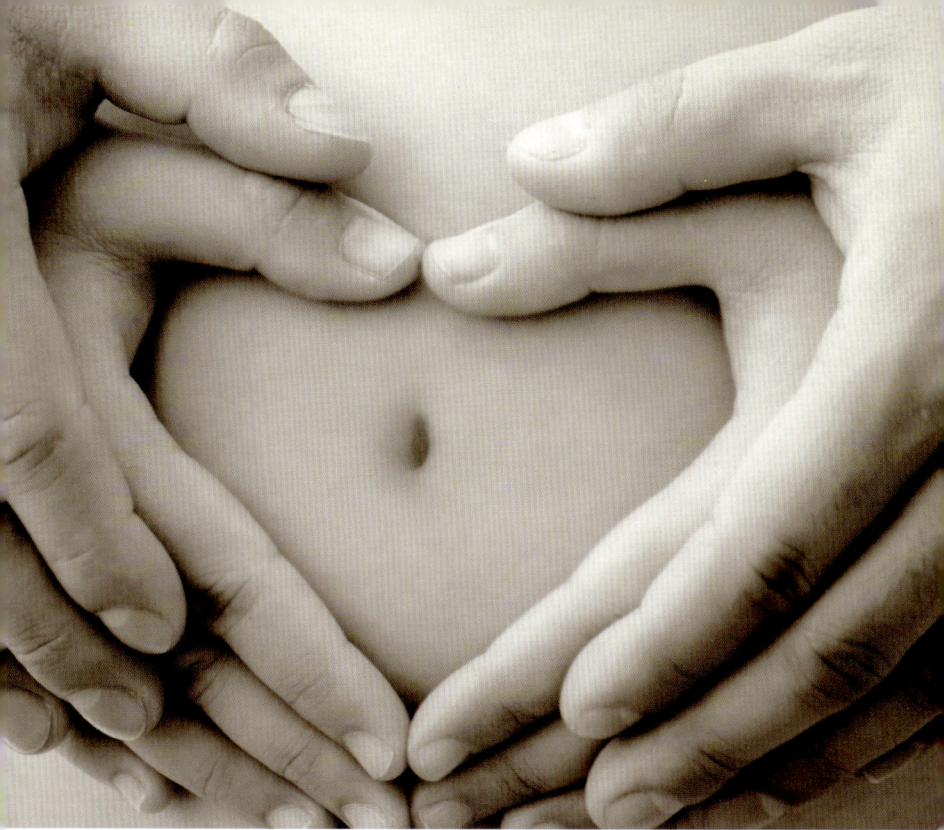

공응경 박사의

마음태교

공응경 지음

정진출판사

추천의 글

우리나라에는 예부터 태교가 있었고 그 어떤 나라보다 태교의 중요성이 강조되어 왔습니다. 따라서 태교에 대한 많은 전통과 노하우가 전해져 내려오고 있습니다. 오늘날에는 의학이 발달함으로써 임신부와 태아의 영양과 보건에 대한 인식이 과거 어느 때보다 높아져 더욱 과학적인 태교에 대한 연구가 활발해졌습니다. 그래서 많은 태교 관련 연구와 실제적인 태교 프로그램들이 소개, 보급되고 있지만, 실질적으로 임신부의 마음을 다루고 그 마음을 통해서 태교를 할 수 있는 프로그램은 별로 소개된 바가 없는 것 같습니다.

'일체유심조(一切唯心造)'라는 말이 있습니다. 새삼 설명이 필요 없겠지만 '모든 것이 마음에 달렸다'는 뜻입니다. 이 말로도 잘 알수 있듯이, 실제로 삶의 어떤 순간 행·불행이나 호·불호가 마음먹기에 달렸고 또 자신에게 닥친 일에 어떤 마음으로 임하느냐가 무엇보다 중요합니다. 따라서 마음의 중요성은 아무리 강조해도 지나침이 없습니다. 그 마음의 중요성이란 것이 막연하고도 추상적인 구호로 와 닿기 쉽지만, 이 책에는 그 마음의 원리가 태교에 효과적으로 적용될 수 있다는 사실이 잘 밝혀져 있습니다.

임신 중인 여성이 자신의 몸뿐만 아니라 마음을 잘 다스림으로써 어떻게 태교를 잘할 수 있으며, 그것을 통해서 임신부 자신과 태아가 얼마나 건강해질 수 있는지 그리고 그러한 과정에서 임신부가 어떻게 행복한 출산을 경험할지에 대해서 이 책은 아주 구체적으로 설명하고 있습니다.

저자는 요가 전문가로서 오랫동안 명상 수행을 직접 해 왔을 뿐만 아니라 임신부를 비롯한 많은 사람들에게 요가와 명상을 가르치고 지도해 왔습니다. 그리고 마음을 다스리는 직접적인 기법인 NLP와 최면 분야를 공부하고, 그 원리와 방법을 임신부들에게 적용하여 효과를 본 경험들을 쌓아 왔습니다. 이 책에는 그러한 저자의 오랜 경험과 노하우가 잘 반영되어 있습니다. 따라서 태교에 대한 단순한 이론이 아니라 저자 자신이 직접 경험한 바를 바탕으로 실제적인 원리뿐만 아니라 구체적인 방법을 안내하고 있으므로, 임신부는 물론 임신 및 출산과 관련된 사람이라면 누구에게나 도움이 될 것입니다. 그런 면에서 지금까지의 어떤 태교 관련 책이나 프로그램들보다 가장 효과적이고 도움이 되는 안내서가 될 것이라고 생각합니다.

오늘날 우리는 갈수록 여성들의 출산에 대한 인식이 낮아지고 그 결과로 출산율이 떨어짐으로써 나라의 미래까지 우려되는 현실 속에서 살고 있습니다. 이러한 때에 임신과 출산이 행복한 경험이 될 수 있음을 잘 보여주는 이 책은, 임신과 출산에 대한 긍정적인 인식을 제고시킬 뿐만 아니라 궁극적으로는 여성들의 출산율 증가에 기여하게 될 것입니다. 이 책을 통해서 임신과 출산이 결코 고통스러운 것이 아니라 행복한 경험이 될 수 있다는 사실이 보다 잘 알려지기를 바랍니다.

설기문(마음연구소장)

머리말

　이 책은 '이 땅에 잠시 머물다 갈 우리가 후손들에게 남겨 줄 것이 무엇일까?'라는 질문으로부터 시작되었습니다. 그 해답을 찾기 위해 쓰게 된 글이 임신부들에게 감사의 마음을 전할 수 있는 기회가 될 수 있기를 바랍니다. 몸과 마음이 아파서 오는 많은 임신부들과의 이야기 속에서 저 자신을 만났고 함께 성장하였습니다.

　최면을 통해 엄마의 마음이 태아에게 어떻게 영향을 미치는지 경험하면서 나눈 태아와의 대화는 많은 지혜를 얻게 하였습니다. 태아는 무한한 능력을 가졌으며 순수한 마음을 지니고 있었습니다. 태아들은 하나같이 엄마를 선택해서 스스로 왔음을 이야기하였으며 독립된 마음이 있었습니다. 무엇보다 자신의 엄마를 조건 없이 사랑하는 태아의 이야기 속에 진정한 사랑의 의미를 배우게 되었습니다. 제 인생의 가장 큰 스승은 순수하고 맑은 영혼의 태아였습니다. 또한 삶에서 가장 힘들었던 시기에 제게 힘을 준 사람은 바로 태아였습니다. 지금 힘겨운 처지에 있다면 뱃속의 씨앗에 기대어 보십시오. 아직 태아가 되기 전의 원시생식세포일지라도 온전히 나를 믿고 나에게 무한한 사랑의 에너지를 보내고 있습니다.

이것은 사실입니다.

　이러한 무한한 사랑을 주는 미래의 후손들에게 농부가 매일 땅을 일구듯 뱃속의 밭을 가꾸고 씨앗이 잘 성장할 수 있도록 정성을 다하는 것은 당연한 일입니다. 더욱이 태어나지 못하거나 태아로 성장하지 못한 씨앗일지라도 또 다른 새 생명으로의 탄생을 반복한다고 인식할 때 지금의 만남이 소중하고, 일생을 통해 해야 할 태교의 가치를 느끼게 됩니다.

　일생 동안 낳아 키울 수 있는 아이는 많지 않을 것입니다. 인간으로서 한 단계 성장할 수 있는 임신의 기회를 소중히 여기고 내 자신이 먼저 변한다면 태어나게 될 아이 또한 변할 것이며, 나의 정신은 아이에게 고스란히 이어지며 결국 후손들의 역사를 바꾸는 일을 하게 됩니다.

　다만 순수하게 마음의 강력한 힘을 믿고 태아와의 대화를 이어가는 노력을 하면 됩니다. 건강한 마음이 건강한 아이를 낳게 되고 그러한 아이는 힘겨운 일도 스스로 극복할 수 있는 힘을 가지게 됩니다. 그 무엇도 마음의 대물림만큼 가치 있는 일은 없을 것 같습니다.

 마음으로 하는 태교는 임신에 대한 시각을 보다 긍정적으로 바꾸어 주고 태아와의 대화를 통해 완전히 연결된 느낌을 줍니다. 그러한 애착관계는 인생 최대의 충만감을 느끼게 하고 아이를 돌볼 수 있는 힘을 키워 줍니다. 더불어 자연분만율을 높이고 행복한 출산으로 이어지게 합니다. 이러한 일에 정성을 들이는 것은 어떤 육아비법보다 쉽습니다.

 저 또한 오늘도 뱃속의 텃밭을 아름답게 가꾸기 위한 노력을 계속할 것입니다. 마음이 건강한 아이를 낳아 번영하게 하는 노력은 인류의 가장 큰 사명이라 여겨집니다. 후손들에게 부끄럽지 않은 어머니로 기억되고 싶은 소망으로 부족한 필력으로나마 마음을 전합니다.

Contents

Contents

PART

PART 01

마음으로 하는
태교에 대하여
궁금한 것들

남들은 쉽게 아이를 키우는 것 같은데 왜 나만 힘든가?

태교는 가장 쉬운 육아비법이다

'**옆**집 엄마는 아이도 잘 키우고 일도 하는 것 같은데, 왜 나만 힘든 거지?'라는 생각을 누구나 한 번쯤 하게 될 것입니다. 저 역시도 인간을 이해하는 학문인 심리학을 공부했음에도 불구하고, 아이들이 떼를 쓸 때 그 말을 잘 들어 주고 공감하기보다 먼저 화를 낼 때가 많습니다. 하물며 평범한 부모라면 그러한 때가 더 많았을 것이라고 생각됩니다. 죄책감에 나를 원망해 보지만 사실 현대를 살아가는 부모들은 정말 아이 키우기가 힘듭니다. 부모 자신들이 과도한 경쟁 사회에 놓여 있다 보니 마음을 잘 관리하기가 쉽지 않습니다. 부모도 한 인간이기에 돌봄이 필요하고 사랑받기를 원합니다. 몸이 지쳐 있을 때는 외부로 증세가 드러나기 때문에 쉬거나 건강관리를 위한 운동을 하게 되는데, 마음이 지쳐 있는 것은 구분하기가 어렵습니다. 자신의 감정을 모르고 표현하지 못한 채 지내다가, 어느 날 감정의 폭발을 경험하게 됩니다. 이렇게 마음이 지쳐 있을 때 자신을 돌볼 수 있게 만드는 마음태교는 마음의 힘을 키워 주고, 그 힘은 아이를 잘 돌볼 수 있게 도와 줍니다.

먼저 태교에 대한 인식을 바르게 할 필요가 있습니다. 저 또한 태교에 많은 관심을 갖고 있었음에도 불구하고 첫아이를 가졌을 때 직장생활로 인해 출산교실이나 문화센터 강좌에 참여할 수가 없었습니다. 다만 당시에는 태아와의 대화기법을 정확히 몰랐지만 틈틈이 태아에게 마음으로 말을 걸었고, 진심으로 원하는 말을 해 주었습니다. 그야말로 기적처럼 아이는 내가 하는 이야기를 듣고 그대로 따라 주었습니다. 만약 태교를 제대로 실천하였다면 저의 육아는 훨씬 쉬웠으리라 여겨집니다.

배부른 임신부는 허리통증과 불면증으로 너무나 힘든데, 주변에서 말합니다. 뱃속에 있을 때가 편한 거라고. 아이가 어질러 놓은 방을 치우느라 힘든데, 그래도 기어다닐 때가 편한 거라고 합니다. 어디로 튈지 모르는 천방지축의 아이를 따라다니느라 힘든데, 그래도 뛰어다닐 때가 좋다고 합니다. 학교 성적과 교우관계로 머리가 깨질 듯한데, 그래도 그때가 행복하다고 합니다. 시집 장가 보내기 힘들다고 하면, 그래도 그때가 좋다고 합니다. 손주라도 생기면 새로운 걱정거리가 한 가지 더 는다는 것입니다. 누가 먼저 얘기했는지 몰라도 이러한 이야기를 자주 듣게 되고, 어른들은 그래도 아이들이 함께할 때가 행복하다고 합니다. 힘겨운 육아가 진정 행복한 육아가 될 수 있게 하려면 마음태교를 실천하는 것입니다.

평생 동안 육아를 한다고 볼 때, 가장 쉽고 가장 효과적인 교육은 바로 뱃속태교라고 할 수 있습니다. 태교를 잘한다면 앞으로 있을 육아가 전쟁이 아닌 행복한 일이 되도록 도와줄 수 있습니다.

태교는 오랜 기간 인류가 훌륭한 자손을 번영시키기 위해 이어 온 지혜입니다. 즉, 임신부가 태아에게 좋은 영향을 주기 위한 노력으로, 배우자는 물론 주변사람들 모두가 앞으로 태어날 아이를 위해 교육적 노력 및 환경 조성 등에 힘을 기울이는 것을 의미합니다. 또한 태교는 임신으로 인한 불편감을 해소하고 난산과 제왕절개율을 낮추는 데 도움이 됩니다.

태아기는 뇌의 무의식에 자극을 주게 되며, 자극을 받을수록 기억력과 창의력이 발달됩니다. 흔히 의식이라 칭하는 표면의식은 보통 자기 자신을 인식하고 있는 주관적인 지적 지각상태를 말하며, 무의식은 깨어 있지 않은 상태를 말합니다. 마음을 의식과 무의식의 합이라고 가정한다면, 무의식은 마음의 대부분을 차지하고 우뇌를 자극하는 만큼 좌·우뇌의 균형을 잡도록 도와줍니다. 마음으로 하는 태교는 임신부의 마음과 아이의 마음을 강하게 연결시켜 가장 쉽게 아이의 뇌를 균형 있게 자극할 수 있습니다.

태교를 잘하면 마음이 넉넉하고 건강한 아이가 태어나고 육아는 쉬워지게 됩니다. 마음이 넉넉한 아이는 정서적으로 안정되어 쉽게 화를 내지 않으며, 참을성이 있고, 자신을 소중히 하며, 가족과 친구, 동식물을 사랑하는 마음을 갖게 됩니다. 성품이 온화한 아이는 육아를 쉽게 하고, 따라서 교육도 훨씬 쉬울 것입니다.

이토록 중요한 태교는 오랜 역사 속에 전통으로 이어져 내려왔습니다. 하지만 인식과는 별개로 이를 실천하기란 쉽지 않은 시대가 되었습니다. 갈수록 여성들의 사회적 지위가 높아지고 핵가족화 현상이 가속화됨에 따라 고령임신과 저출산은 이미 사회적 이슈가 되었고, 더불어 난산과 기형아 출산이 많아지고 있습니다. 2013년 산모의 평균출산연령은 31.6세로 최고치를 나타냈지만, 태교 강의를 하며 피부로 느끼는 산모들의 평균연령은 그보다 더 높은 것 같습니다.

또한 여성들의 학력이 높아지는 만큼 출산 후 가정보육기간이 줄어들고 보육기관에 아이를 맡기고 다시 일을 시작하는 여성들이 증가하는 추세입니다. 이렇듯 아이들은 일찍부터 어린이집이나 유치원 등의 또 다른 사회구조 속에 놓이게 되고 교육 중심으로 자라나게 됩니다. 학교교육을 위한 영재교육과 더불어 성공지향적인 출세를 위한 자녀교육에 더 공을 들이게 되고, 아이들마다 한 가지 이상의 학원을 다니다 보니 동네에 친구가 없어, 친구를 사귀려면 학원에 가야 하는 시대가 되었습니다.

어린 시절 친구들과 자연을 벗삼아 자라던 환경과는 많이 달라졌음을 알 수 있습니다. 현대는 전쟁 때 태어난 세대부터 올림픽 세대, 월드컵 세대에 이르기까지 급변하는 한국의 역사를 그대로 간직한, 너무나 다른 세대들이 공존하고 있습니다. 소수의 아이를 중심으로 재편된 가정에는 세대간의 갈등이 나타나고 있으며 이상할 정도로 모든 관심이 아이에게 집중되고 있습니다. 이제는 많이 낳아 잉여생산을 할 수 있는 인구를 늘리려고 하기보다는 한 명의 아이라도 제대로 키우기 위해 노력해야 하는 시기입니다. 변하지 않는 것이 있다면 아이를 사랑하는 부모의 노력이겠지만, 잘못된 관심과 지원은 부작용을 낳습니다.

2000년대에 들어와서 우리나라는 학생들의 자살률이 급격하게 증가하고 있습니다. 특히 충동적인 자살이 늘어나고, 정서가 불안하고 자신의 행동을 통제하지 못하는 마음 약한 아이들이 많아지고 있습니다. 이러한 현상을 부추기는 요인에는 자연식보다 합성식품 및 서구화되어 가는 식생활의 변화, 단

독주택보다는 아파트 거주에 따른 주거환경의 변화, 실외활동보다 실내활동이 늘어나는 놀이문화의 변화 등 여러 가지 요인이 있겠지만, 무엇보다 태교에 관한 무관심은 가장 큰 요인이 될 것이라고 여겨집니다.

　많은 심리학자들은 만 6세 이전 아이들의 의식이 중요하다고 주장합니다. 기억 또한 유아기는 무의식적으로 기억되는 암묵기억이 형성되는 시기라, 비록 구체적이고 일목요연하게 기억이 저장되지는 않지만, 몸과 마음 곳곳에 기억이 체득되기 때문에 유아기의 '기본 신뢰감(basic trust)'을 형성하는 것이 매우 중요하다고 강조했습니다. 이제 학자들은 출생 후보다 출생 이전의 시기가 훨씬 더 중요하다고 말하고 있습니다. 마음태교는 엄마의 마음이 아이의 마음과 연결되어 있다는 원리를 기억하면 되는 것으로서 가장 쉽게 실천할 수 있는 태교입니다.

부자들만 세습하는 중요한 비밀이 무엇인가?

높은 자아존중감은 대물림된다

부모가 된다는 것은 누구에게나 인생의 큰 전환점이 됩니다. 부모가 됨으로써 인간으로서 성숙할 기회를 갖고 조건 없는 사랑을 몸소 실천할 수 있는 기회를 얻게 됩니다. 하지만 쉽지 않은 육아는 때로 절망감을 주고 때로 보람을 느끼게 하며 부모의 마음을 들었다 놓았다 합니다.

예전에는 '미운 일곱 살'이라고 했는데 최근에는 '미운 네 살'이라는 말을 자주 합니다. 마트나 횡단보도 앞에서 막무가내로 떼를 쓰는 아이들을 많이 볼 수 있습니다. 이 시기의 아이는 무의식에 많은 정보를 저장하고 세상에 대해 여러 가지를 알고 자아가 형성되지만, 그에 비해 표현능력은 훨씬 뒤떨어져 그 차이로 인해 혼란스러워하고 짜증을 많이 내게 됩니다.

그런데 화를 내고 아이에게 매를 든다면 그 무의식 속에는 공포가 자리잡게 되고 그 아이는 다시 어른이 되어 똑같은 방식으로 자식을 키우게 됩니다. 20분이고 30분이고 아이가 진정될 때까지 기다려 주고 설득하는 것은 굉장한 인내를 필요로 합니다. 여러 번의 실패 끝에 매로 다스리더라도, 실망하지 말고 다시 시도하고 아이를 설득해야 합니다.

기질 강한 아이를 키우면서 한두 번 눈물을 흘리지 않은 부모가 어디 있을까요? 그만큼 부모가 되는 것은 쉬운 일이 아닙니다. 한 가지 분명한 것은 나를 키운 부모님 역시 이러한 과정을 거쳤다는 사실입니다. 만약 내가 건강한 생각을 가지고 살아가고 있다면, 그것은 아마도 내가 기억하지 못하는 태아 때와 어린 시절에 부모님의 눈물겨운 사랑이 있었을 것으로 여겨집니다.

태교를 잘해도 기질 강한 아이, 신체적으로 약한 아이가 태어날 수 있습니다. 하지만 태교를 잘하면 그러한 아이가 태어날 확률이 줄어드는 것은 사실입니다. 평생 태교를 실천한다면 분명 마음이 건강한 아이가 태어나게 되고, 아이의 성품은 온화하고 밝으며 자존감이 높을 것입니다.

부유한 가정 자녀들의 공통점 중 하나가 자아존중감이 높고 낙천적이라는 것입니다. 이것은 성공과 행복을 다 가지고 있는 부자들의 경우 그 자산뿐만 아니라 높은 자아존중감도 대물림되고 있음을 의미합니다. 자아존중감이란 자신을 좋아하고 현재의 상태와 자신이 하는 일에 자부심을 느끼는 것으로 긍정적인 마음의 힘이라고 할 수 있습니다. 부자들은 부보다 아이의 존중감을 높이는 데 더 많은 공을 들이고 있습니다. 부를 전해 주지 못할지라도 건강한 마음을 가질 수 있는 존중감을 전해 준다면 아이는 풍요로운 생활을 할 확률이 높아질 것입니다. 자아존중감이 높은 부모의 자녀 역시 높은 자아존중감을 갖고 있었습니다. 자신을 되돌아보고 앞으로 어떠한 부모가 될지 그림을 그려 보고 결정해야 하는 때는 바로 지금입니다. 예비부부든 임신부든 가족이든, 어떠한 할아버지 할머니가 될지, 아버지 어머니가 될지 고민하고 자주 상상해 보아야 합니다.

태교는 쉽게 아이의 자아존중감을 높여 줄 수 있는 방법입니다. 태교를 잘한다면 그들은 더욱 부자가 될 확률이 높아질 뿐더러 육아는 더 쉬워지며, 그렇게 성장한 아이는 부모의 교육방식대로 자기 자손을 키우게 되며, 음식 습관이 공유되고 이어지듯이 모든 부모의 습관과 정신은 그대로 후손에게 내려갈 것입니다. 내가 자식을 어떻게 키우느냐에 따라 아이와 부모의 관계가 바뀔 것이며, 한번 바뀐 관계는 후손으로 이어지게 됩니다.

대부분의 사람들에게 의식의 변화는 쉽지 않지만, 태교를 통한 의식 변화는 가장 쉽게 나와 아이, 더불어 후손의 역사를 바꿔 줄 수 있는 가장 큰 기회가 될 것입니다. 태교는 아이의 존중감을 높여 줄 수 있으며, 마음이 건강한 아이로 만들어 줍니다. 태교는 가장 쉽게 자기 자신과 후손에게 베풀 수 있는 최대의 선물이므로, 사명감을 갖고 태교에 정성을 들이는 것은 매우 중요한 일입니다. 더욱이 마음태교를 실천하는 데는 아무 비용이 들지 않습니다. 다만 마음을 바꾸는 일이 필요하니, 비싼 영재교육에 비하면 그야말로 효율적이라고 할 수 있습니다.

태교는
언제 시작하면 되나?

지금 바로 시작한다

인류가 시작된 이래 임신 중 엄마의 심리적 · 정서적인 마음가짐과 언행이 태아에게 중요한 영향을 미친다는 것은 정설입니다. 보다 건강한 후손을 남기고자 하는 인간의 본능은 임신과 출산을 자연현상 이상의 신령스러운 것으로 간주하게 하였고, 신령스러운 힘을 빌리고자 하는 마음은 태몽을 비롯하여 아이를 낳고 기를 때의 여러 가지 풍습들을 발전시켰습니다.

조선시대 유희 선생의 어머니인 사주당 이씨가 저술한 『태교신기』에는 임신한 여인들은 태교를 해야 한다고 했습니다. 태교의 당위성으로 '병을 잘 고치는 명의는 병이 생기기 전에 미리 다스리고, 교육을 잘하는 사람은 태어나기 전에 가르친다. 그러므로 스승의 십 년 가르침이 뱃속에서 어미가 열 달 동안 기르는 것만 못하다'라고 서술하고 있어, 임신 중 태교가 출산 후 교육보다 중요함을 말하고 있습니다. 또한 '그러나 어미가 열 달 동안 기르는 것이 아비가 하루 낳는 것만 못하다'라는 구절은 태교는 평생을 통해 해야 하는 것으로 그 마음가짐의 중요성을 이야기하고 있습니다. 흔히 어미의 태를 밭에 비유하고 씨앗을 이미의 난지와 아비의 정자로 볼 때, 비옥한 밭에 건강한 씨앗을 만들기 위해 태교는 평생의 노력이 필요하다고 하겠습니다.

생물학적으로 여성은 태어남과 동시에 약 200만 개의 난모 세포를 가지고 태어나며, 성장과 동시에 세포도 성숙해지고 노화가 진행됩니다. 그 중 건강히 잘 자란 세포만이 평생을 거쳐 약 400개의 난자가 될 수 있으니, 태어남과 동시에 뱃속에 밭(자궁)과 씨앗(난자)을 품게 된다고 할 수 있습니다. 특히 자궁 내 환경은 아이에게도 직접적인 영향을 미치게 됩니다. 1997년 피츠버그 대학 연구진은 무려 212건의 그동안의 연구를 재분석하여 자궁 내 환경이 사람의 지능지수(IQ)에 영향을 미친다는 결과를 발표했습니다.

　평상시 몸을 정갈하게 하며 규칙적인 생활과 좋은 습관을 들이도록 노력하며 생활했던 것은 모두 훌륭한 자식을 얻고자 하는 조상들의 지혜였습니다. 태교는 태어남과 동시에 시작되며, 뱃속에 있는 각자의 씨앗이 충실히 영글 수 있는 훌륭한 텃밭을 가꾸기 위해 매일매일 노력해야 합니다.

04

태교는
임신부만 하면 되나?

남편과 가족, 사회가 함께 한다

여성의 일생에서 임신이란 가장 큰 신체적 · 심리적 변화입니다. 신체적으로는 릴렉신의 영향에 의해 인대와 치골 결합이 부드러워지고 늘어나므로, 임신에 따른 몸매의 변화와 아래 부위의 통증 등 여러 가지 불편을 느끼게 되고, 자궁의 체적은 2밀리리터에서 2천 배나 증가합니다.

심리적으로는 불안하고 출산에 대한 걱정과 두려움 · 공포 · 불쾌감을 갖게 됩니다. 심리상태 · 신체조건 · 내적 자아 등을 다시 생각하면서 자기 자신을 새롭게 만들어 가게 되며, 이런 과정에서 본래의 자아와 맞서기도 하고 분노를 표출하기도 합니다.

특히 이러한 신체적·심리적 변화는 임신부의 큰 스트레스 유발 요인이 됩니다. 임신부의 스트레스는 직접적으로 태아에게 영향을 미치게 됩니다. 엄마의 심장 박동을 들으며 그 소리의 리듬을 따라 태아는 태내에서 거울처럼 움직입니다. 엄마가 긴장하고 감정변화를 일으키게 되면, 그 혈액 내로 증가한 스트레스 호르몬은 태반을 통과하여 태아에게도 똑같은 긴장감과 흥분을 불러일으킵니다.

세계적으로 유명한 과학잡지 『란셋』 2009년 9월호에서도 4개월 이내에 심한 스트레스를 받은 임신부 3,500명과 그렇지 않은 임신부 2천 명을 비교한 연구 결과 스트레스군의 기형아 발생률은 1.18%로, 대조군의 0.65%에 비하여 80% 증가했다고 합니다.

또한 임신 중 사이 좋은 부부에 비해 사이가 나쁜 부부의 아기에게 정신적·육체적 장애가 올 확률은 2.5배가 된다고 합니다. 즉, 부부관계의 좋고 나쁨은 임신부의 정서에 영향을 미치고 즉각 태아에게도 영향을 미치게 됨을 알 수 있습니다.

여성에게 임신이라는 큰 변화는 혼자 감당해 내기 어려운 일이며, 특히 남편을 비롯한 가족들 간의 원만한 관계, 주변사람들로부터 존경과 사랑을 받고 있는지 여부는 임신부의 정서에 중요하게 작용합니다.

임신기간은 배우자 또한 한 남자에서 남편으로의 역할 전환을 거쳐 성숙한 아버지가 되기 위해 준비해야 할 시기입니다. 가족과 사회적 지지는 임신부뿐만 아니라 남편에게도 똑같이 필요하며, 부모로서의 역할을 인식하고 수행할 수 있도록 가족과 주변사람들의 배려와 사회적 지지가 필요합니다.

마음으로 하는
태교가 중요한가?

이제는 마음으로 하는 태교다

양자의학에 의하면, 인체를 동전이라 할 때 그 앞면에
는 분자·세포·조직 및 장기와 같은 3차원적 존재가
있고 그 뒷면에는 분자장·세포장·조직장 및 장기장 등 눈
에 보이지 않는 파동장이 존재한다고 합니다. 그리고 마음 또
한 파동장의 일종으로, 태아의 유전자와 상보적 구조를 이루
고 있는 유전자장과 임신부의 마음이라는 파동장이 공명에 의
하여 상호작용이 가능합니다.

일반적으로 양자의학이나 파동의학에서 몸과 긍정적인 마음
이 연결됨으로써 나타나는 효과를 설명할 때, 우리 의식 속에
서 나쁜 기억을 해소하고 사랑과 감사가 깃들인 긍정적인 마
음을 배양하면 육체의 질병 치료가 가능하다고 봅니다. 다시

말해 긍정적인 사고와 유연성을 지닌 사람이 그렇지 못한 사람보다 건강하며, 간절한 기도와 확실한 신념 등은 육체의 질병을 치료해 줍니다.

특히 임신기간 동안 엄마와 태아가 신체적으로 연결된 상태에서 마음의 힘은 더욱 강력하게 작동합니다. 마음을 표면의식과 개인무의식 그리고 집단무의식의 3중구조로 볼 때, 태아와 6세 이하의 유아시기에는 대부분 무의식의 구조로 되어 있어 수많은 정보를 빠른 속도로 기억할 수 있습니다.

뇌과학 분야로 설명할 때도 마찬가지로, 세리(Serry) 박사는 1981년 「대뇌반구의 기능분화에 관한 연구」에서 태아의 의식은 3~4개월부터 시작되고 5~6개월부터는 사고가 활동한다고 했습니다. 촬영기술의 발달로 태아의 뇌를 관찰하면서 밝혀진 사실은 임신 6개월에 이르면 매일 약 5천~6천만 개의 뇌세포가 만들어질 정도로 급격하게 발달하며, 지능의 틀은 유전자에 의해 만들어지지만 그 내용물을 결정짓는 미세한 구조와 기능은 교육에 의해 좌우된다고 합니다.

만약 임신부가 불안이나 공포 등을 계속 경험하면, 태아는 출생한 후에도 지나치게 활동적이고, 잘 울고, 잠을 잘 자지 않고, 잘 먹지도 않는 등 정서적 불안정을 나타냅니다. 또한 임신 중에 큰 충격을 받게 되면 유산 혹은 조산을 유발할 수도 있습니다.

그러므로 고령임신 및 환경오염으로 인해 기형아 발생률이 높은 현 시대에는 어떤 육아교육보다 태아의 뇌를 적절하게 자극하며 엄마와 태아의 마음이 안정될 수 있도록 마음으로 하는 태교가 필요하다고 하겠습니다. 「NLP기법을 활용한 태교 프로그램이 임신부의 정서안정, 태아애착, 모성 정체성에 미치는 효과」를 연구한 저의 논문에서도 태아와 자주 대화를 한 집단일수록 태아와의 애착관계가 잘 형성되었으며, 더불어 아이를 돌볼 수 있는 힘이 커지고, 정서가 안정된다고 보고 있습니다.

마음의 강력한 힘을 이용하여 쉽고 간단하게 하는 태교를 실천해 보면 좋을 것입니다. 마음으로 하는 태교는 시간과 장소를 따로 구분하지 않고 그저 자신의 마음의 힘을 믿으면 됩니다.

무엇을
먼저 해야 하나?

긍정적 요소를 확대한다

임신에 대한 부정적인 시각은 임신부의 몸과 마음에 영향을 미칩니다. 임신을 거부하거나 임신한 자신의 모습에 실망하면 무의식적으로 긴장하게 되고 출산에까지 영향을 미칩니다. 따라서 부정적인 요소에 앞서 긍정적 요소를 찾도록 합니다. 긍정적 요소가 확대된 상태에서 부정적인 요소를 바라보면 보다 나를 안정되게 하고 객관적으로 바라볼 수 있게 도와줍니다.

요가수련을 할 때도 마음이 진정되지 않고 불편한 상황에서는 인위적으로 호흡을 하지 못하게 지도합니다. 몸과 마음이 부정적인 기운으로 가득 차 있을 때의 호흡수련은 초보자들로 하여금 더 깊은 부정적인 감정에 사로잡히게 할 우려가 있으므로 혼자만의 수련을 자제시킵니다. 더구나 충분히 보호된 상태가 아닐 때 최면유도나 명상으로 부정적인 것을 떠올리면, 무의식이 드러나 그 자체가 다시 뇌에 저장되는 역할을 하게 될 우려가 있습니다. 따라서 심리적으로 민감한 사람이라면 전문가에게 지도받기를 권합니다.

이와 반대로 긍정적인 상태를 의식하고 찾는 작업은 혼자서도 충분히 할 수 있으며, 자주 할수록 뇌에 긍정적인 요소를 확대시켜 주며 안전하게 할 수 있습니다.

두 눈을 감고 가장 행복했던 순간을 떠올려 봅니다. 오감을 이용하여 그때의 날씨, 공기, 바람의 느낌, 향기, 나의 표정, 들려 왔던 자연의 소리, 음악소리, 주변 환경 등 모든 것을 생생히 기억해 냅니다. 엄지와 검지를 꼭 누르면서 깊은 호흡을 몇 회 하고 그때의 행복한 느낌을 온몸으로 전합니다. 단 몇 초 만에 내 몸과 마음의 흐름이 보다 긍정적으로 바뀜을 알아차리게 될 것입니다.

이와 같이 몸과 마음이 긍정적인 상태에서 자신이 임신에 대해 부정적으로 생각했던 것이 있었나 기억해 봅니다. 또는 주변에 나를 힘들게 하는 요소가 있는지 생각해 보고 그것을 적어 봅니다. 그리고 자신이 쓴 내용이 혼자만의 주관적이고 잘못된 신념이 아닌가 살펴봅니다. 남편과 가족에게도 임신에 부정적인 정서가 있음을 알리고 서로 의논하고 의견을 들으며,

다른 사람의 입장에서 자신을 바라보고 잘못된 관점은 없는지 살펴봅니다.

예를 들어 살이 너무 쪄서 보기 싫다면, 예쁘게 꾸민 후 만삭을 기념하는 사진을 찍는 이벤트를 하거나 거울을 보고 표정을 밝게 바꿉니다. 입꼬리를 올리고 좀 더 밝은 표정으로 밝은 마음을 표현해 봅니다. 비록 살이 쪘을지라도 아기를 깊이 사랑하는 엄마의 미소를 바라볼 때 아름다움의 기준이 달라집니다. 임신한 모습이 얼마나 아름다울 수 있는지 자신을 바라보고 태아와 함께하는 소중한 순간임을 놓치지 않도록 합니다. 임신에 대한 긍정적인 요소를 확대시킨다면 임신으로 인한 작은 불편함은 큰 장애가 되지 않을 것입니다.

결혼한 지 5년 만에 임신했다는 A씨는 임신부 요가를 수강하러 왔습니다. 임신 후 몸이 너무 좋지 않아 회사를 그만두었다는 A씨는 막상 집에 있으니 하루하루가 지루하기 짝이 없어 뭘 해야 할지 모르겠다는 것이었습니다. 수업을 마친 후 A씨와 상담을 했습니다.

　　"그렇게 기다려도 임신이 되지 않더니, 신경 쓰지 않으니까 아기가 생겼어요."
　　"그렇게 기다리던 아기라니 정말 축하드려요."
　　"그런데 임신 후 몸이 너무 좋지 않아 회사를 그만두었는데, 왠지 모르게 불안하고 뭘 해야 할지 모르겠어요."
　　"그렇군요. 몸이 안 좋아진데다가 회사까지 그만두었으니, 남는 시간에 뭘 해야 할지 당황스러웠겠어요. 어째서 불안한지, 그 원인을 좀 더 찾아보실까요?"
　　"네, 좋아요."
　　"복식호흡을 해 볼까요? 지금 왜 불안한지, 한번 마음을 잘 들여다보고 대답해 보세요. 떠오르는 대로 그냥 말해 보세요. 무엇이 나를 힘들게 하나요?"
　　"아이를 낳으면 다시 일을 할 수 없을지도 몰라요. 경제적으로 힘들어질 것 같아요."

　　임신부는 겉으로는 임신이 되어 기쁘다고 말했지만, 내면적으로는 경제적 불안감에 아이를 낳고 기르는 데 대한 부담감을 안고 있었습니다.

"그랬군요. 걱정할 수도 있어요. 누구나 그런 걱정을 한답니다. 그런 걱정이 당신의 몸에 어떤 영향을 미치고 있나요?"

"몸을 불편하게 하고 자신감을 잃게 만들어요."

"만약 임신하지 않았다면 지금의 불안감은 없었을까요?"

"글쎄요. 아니, 마찬가지였을 것 같아요."

"그럼 지금 임신해서 어떠신가요?"

"아, 굉장히 어렵게 임신해서… 정말 소중한 존재인데 그동안 앞날 걱정만 하느라 아기에게 제대로 고마워하지도 않았어요."

"그럼 현재의 느낌에 집중하고 태아에게 고맙다는 말을 전해 볼까요?"

"아가야, 미안해. 고맙다는 말도 못하고 매일 우울해했구나."

"그럼 아기에게 '고마워, 사랑해'란 말을 해 볼까요?"

"(두 손으로 배를 부드럽게 감싸며) 아기야, 엄마에게 와 줘서 고마워, 사랑해."

태아와 대화하고 화해하게 했더니, 임신부는 태아에게 진심으로 엄마에게 와 줘서 고맙다고 말했습니다. 이후 수업시간에 만난 임신부는 신체적 불편도 개선되고 불안감이 사라졌다고 좋아했습니다. 임신부가 임신에 대해 긍정적으로 생각하면서 우울감이 감소했음을 알 수 있습니다. 이후 임신부에게 남편과 상의하여 태명을 지어 오게 했습니다. 그녀는 태아가 생긴 후 더 좋은 일들이 일어날 것이라는 희망으로 '복덩이'라고 지었다며 기뻐했습니다.

'우리 복덩이'라고 자주 불러서인지 임신부가 고민하던 경제
적 문제도 아기가 태어나면서 해결되었습니다. 태아를 '복덩이'
라고 부르면서 집안에 복덩이가 들어왔다는 느낌을 가져 더
활기차고 즐거워졌을 것이며, 어쩌면 태아가 그 소리를 듣고
정말로 복을 가지고 태어났을지도 모릅니다. 그렇지 않더라도
긍정적인 사고는 임신부로 하여금 부담감에서 벗어나게 하고,
태아를 믿고 어려움을 함께 극복할 수 있게 하는 힘을 주었다
고 생각됩니다.

이러한 무의식 작업들은 내면으로 더 깊이 들어갈수록 외부 자극은 덜 느끼고 마음의 소리를 들으며 시각화합니다. 대부분의 변화는 무의식의 차원에서 일어나며, 마음을 통해 각종 장애나 증상을 치료하거나 증상의 심각성을 경감시킬 수 있습니다.

엄마가 아프면 아이를 돌볼 수 없게 되고 한 가족, 나아가 후손에게까지 영향을 미치게 됩니다. 임신과 출산 후 수유기를 포함한 임신기에 한두 번 정도의 우울감은 누구에게나 찾아옵니다. 분명 입덧으로 시작해서 부족한 잠, 붓고 터진 가슴과 젖꼭지의 통증을 억누르고 아이에게 젖을 물리는 일련의 과정은 고통스럽습니다. 하지만 모든 고통을 기쁨으로 승화시킬 수 있도록 마음으로 하는 태교에 힘을 쓴다면, 이 기간을 한결 쉽고 슬기롭게 보낼 수 있을 것입니다. 태교는 자신을 살피게 하고 긍정적인 사고를 갖게 합니다. 특히 마음을 통해 태아와 완전히 연결된 느낌을 갖다 보면 인생 최고의 충만한 행복감을 느낄 수 있을 것입니다.

아기는 어디서 오는 걸까?

아기는 스스로 선택해서 온다

유대인의 경전인 『탈무드』에는 '정신이란 천국으로부터 엄마 몸을 거쳐 태아에게 전달된다'고 기록되어 있습니다. 초월심리학자 엘리자베스는 출산 경험이 있는 여성을 대상으로 조사한 결과 상당히 많은 사람들이 임신 중 태아와 영적인 접촉을 경험하고 있었고, 심지어 성교 중에 벌써 태어날 아기의 얼굴을 미리 보는 여성도 있다고 했습니다. 태아는 영적인 존재로부터 시작하여 나중에 육체의 옷을 입는 것이며, 영적 존재인 태아는 무작위가 아니라 의도적으로 부모를 선택한다고 했습니다.

태아는 영적이기 때문에 엄마의 감정을 느낄 줄 알고, 출생 후 자궁에서의 생활을 생생히 기억하는 사람도 있습니다. 심리학자들은 "최면을 이용하여 사람의 자궁 내 태생기의 기억으로 퇴행시키는 것이 가능하며, 이러한 연구를 통하여 사람은 임신 5개월의 자궁 생활의 기억이 가능하다"고 했습니다.

내가 최면을 통해 경험해 본 결과, 태아들과의 대화를 통해 느낀 것은 무엇보다 영혼이 순수하고 맑다는 것이었습니다. 질문에 이끄는 대로 잘 응답해 주었으며, 한결같이 스스로 선택해서 엄마에게 왔음을 이야기했습니다. 엄마를 선택한 것을 기억하는 아기에 관한 편지글을 모은 『엄마를 선택하는 아이』(저자 조나단 케이너)라는 책에서도 전세계 많은 사람들이 나와 같은 경험을 했음을 알 수 있었습니다. 최종적으로 아이는 부모가 선택하는 것이 아니라 아이 스스로 엄마를 선택한다는 것을 확신하게 되었습니다.

태어나지 못하는 아이

인공수정으로 쌍둥이를 낳았다는 산모가 산후요가 수업을 마친 후 귀가하지 않고 나를 기다리고 있었습니다. 산모는 산후요가를 하니 조금 편해지긴 했는데, 출산 전부터 좋지 않던 오른쪽 옆구리가 계속 아프다고 상담해 왔습니다. 체상 체크 결과 골반의 위치도 바르고 시간이 지나면 좋아질 것 같아 보였습니다.

쌍둥이를 무사히 출산했음에도 불구하고 그녀의 눈빛은 슬픔으로 가득 차 있었고, 해결하지 못한 감정이 남아 있음을 오랜 경험으로 직감했습니다. 마음의 슬픔을 잘 바라보라고 하자, 산모는 쌍둥이에 앞서 임신을 했는데 6개월 무렵 사산을 했다고 합니다. 첫아이라 기대도 많았는데, 쌍둥이를 낳았지만 오히려 더 그 아기가 생각나고 슬프다는 것이었습니다. 천주교 신자인 산모는 영적 세상에 대한 이해력이 높았고 아이의 영이 아직 자신의 곁에 있는 것 같다는 생각을 하고 있었습니다. 그래서 무의식 상태로 유도 후 6개월에 사산된 아기와 대화를 나누어 보기로 하였습니다. 먼저 눈을 감고 산모의 몸 어느 한 부분 색깔이 달라 보이는 곳이 있는지 살피게 하니, 옆구리 통증 부위가 색이 다르다고 했습니다. 그리고 옆구리 어두운 부위에 아이의 영혼이 아직 함께하고 있다고 했습니다. 그녀가 무의식 상태에서 말하는 내용이 진실인지, 아니면 이미 떠난 아기를 보내지 못하는 그녀의 마음이 만들어낸 것인지 모르지만, 옆구리에 자리잡고 있는 아기와 대화를 시도했습니다.

"아이가 왜 아직 하늘나라에 안 가고 거기 있다고 하나요?"
"엄마를 사랑한대요. 그래서 가기 싫대요. 평생 엄마랑 같이 할 거래요."

(중간 생략)

"네. 그럼 이제 아기랑 대화를 해 볼게요. 아기야, 선생님 말 들리니? 넌 엄마를 몹시 사랑하는구나. 하지만 육체가 없는 상태에서 계속 머물러 있으면, 엄마에게 해를 입힐 수도 있잖아. 너도 온전한 사랑을 받지 못하고. 엄마와 함께할 수 있는 다른 방법을 찾아볼까 하는데, 어때?"
"그런 게 있어요? 좋아요."
"엄마가 더 건강해져서 다시 임신하게 되면, 그때 돌아오는 게 어떻겠니?"
"아, 그런 방법이 있었네요."
"엄마가 쌍둥이를 잘 돌볼 수 있게 더 건강해지도록 너가 도와주렴."
"그렇게 해볼게요."
"그럼 넌 하늘로 올라가서 엄마가 건강해질 때까지 기다려 줄 수 있겠니?"
"네, 그럴게요."

"하늘로 올라가기 전 엄마에게 듣고 싶은 말이나 하고 싶은 말 있니?"

"엄마와 6개월 동안 행복했어요. 다시 엄마 곁으로 돌아오고 싶어요."

"엄마도 아이에게 하고 싶은 말 있으면 해 보세요."

"아가야, 엄마도 너를 사랑한다. 행복하게 잘 지내고 우리 다시 만나자."

"엄마도 제 걱정 말고 쌍둥이를 잘 돌봐주세요. 제가 지켜볼게요."

"그럼 아기를 인도해 줄 천사를 부를게요. 두 천사가 아기와 함께 하늘로 높이 올라갑니다. 하늘 문이 열리며 따뜻한 빛이 내려오고, 아기가 미소짓고 있네요. 이제 아기에게 작별인사하세요. 자, 이제 하늘 문이 닫히고, 아기는 성모 마리아님 품에 안겨 편히 쉬게 됩니다. 숨을 깊이 내쉬고, 마시고, 내쉬고… 천천히 다시 자신의 몸을 바라보세요. 옆구리의 검은 부분이 어떻게 되었나요?"

"사라졌어요."

"성모 마리아님이 당신을 포근히 안아 주시네요. 항상 보호해 주신다고 합니다. 아기를 위해 자주 기도해 주세요."

"선생님, 정말 감사해요. 아기가 행복할 거라는 믿음이 생기고 마음이 편안해졌어요."

이후 산모는 성당에 매주 일요일 미사를 드리러 나가며 감사의 기도를 했습니다. 성모 마리아를 볼 때마다 산모는 아기가 하늘나라에서 평화롭게 지내는 모습이 떠올라 저절로 미소가 지어진다고 합니다. 놀랍게도 2년이 지나 산모에게서 연락이 왔는데, 셋째를 자연임신으로 가져 무사히 출산했다고 합니다. 그녀는 처음 잃었던 아이가 다시 온 것이라 확신했습니다. 이러한 예는 산모가 만들어낸 환상일지라도 첫아이와의 대화, 천국으로 아이를 인도하는 과정은 산모의 마음에 위로가 되고 힘이 되었을 것입니다. 아니, 어쩌면 아이가 다시 온 것일 수도 있지 않을까요? 나는 경험을 통해 그것이 진실임을 믿고 있습니다. 내가 믿는 것이 진실이 되고, 또 그대로 이루어지니까요.

그렇다면 유산이나 사산되는 아이들 외에 낙태되는 아이들은 왜 엄마를 찾아오는 걸까요? 이미 두 아이가 있는 한 40대 여성은 셋째가 임신된 것을 알고 남편과 상의한 후 낙태를 했다고 합니다. 그후 계속 우울감이 밀려들고, 그 아이를 생각하면 '얼마나 아팠을까?'라는 생각에 다시 우울해지면서 두 아이를 보는 것조차 힘들었습니다.

(중간 생략)

"아가야, 선생님 얘기 들리니? 엄마는 네가 너무 아프게 세상을 떠나간 것에 대해 미안해하고 있어."

"저도 알아요. 엄마에게 가기 전 이미 다(낙태될 것을) 알고 있었어요."

"뭘 알고 있었다는 거지?"

"엄마가 나를 낳을 수 없다는 걸 알고 있었어요. 그래도 전 엄마가 좋아요. 왜냐하면 엄마가 가장 예뻐 보였거든요. 그냥 엄마를 사랑해요. 두 달 동안이라도 엄마와 함께 있을 수 있어서 좋았어요."

"그랬구나. 엄마에게 더 하고 싶은 말 있니?"

"엄마, 제 걱정 마세요. 전 더 좋은 단계로 상승했어요. 이번 인연은 여기까지이지만, 언젠가 또 만나게 될 거예요."

"아기에게 해 주고 싶은 말 있으면 해 보세요."

"아가야, 미안하다. 많이 아팠지? 다음에 엄마가 널 낳아 사랑해 줄 수 있을 때 꼭 다시 오렴. 정말 미안해. 용서해 주렴.

사랑해!"

"이미 두 아이가 있으니 그 아이들을 사랑으로 키우면, 떠나보낸 아이도 다시 누군가의 귀한 자녀가 되어 사랑받고 클 거예요. 아기가 생각날 때마다 자주 기도해 주세요."

위의 여성은 불교신자여서 전생에 대해 이해하고 내 말을 그대로 믿어 주었습니다. 이후 나는 떠나간 아이를 위해 초를 사서 기도하기를 권했습니다. 상담시 나는 어떠한 종교라도 적극 활용하며, 다른 종교를 가지고 있다면 그 방식으로 기도할 것을 권합니다. 기도는 마음과 마음을 쉽게 연결시켜 아이에게 더 가까이 다가가게 합니다.

나는 산모에게 우리가 몸을 관리하듯이 마음도 똑같이 꾸준히 관리해 주어야 한다고 강조했습니다. 몇 년이 지난 지금 그녀는 템플스테이에도 참가할 만큼 적극적으로 자신의 몸과 마음을 관리하고 있습니다. 한때 셋째에 대한 죄책감으로 힘들어하던 그녀는 이제 누구보다 건강한 몸과 마음으로 두 아이를 잘 돌보고 있습니다.

상담을 하며 '태어나지 못하는 아이들은 희생당할 것을 알면서 왜 엄마를 선택하는 걸까?'라는 의문을 가졌는데, 여러 차례 태아와 대화를 하며 느낀 것은 '그러한 과정을 통해 다시 성장하고 큰 업을 닦으려 하는 건 아닐까?'라는 생각을 해 보게 되었습니다. 태아와의 대화 속에서 조건 없이 엄마를 사랑하는 그 모습에서 어떤 숭고함이 느껴졌고, 통상적으로 생각하는 내리사랑 이전에 태아가 부모에게 보내는 원시사랑이란 것이 있음을 깨닫는 순간이었습니다.

인생을 통틀어 낳아 기를 수 있는 아이는 많지 않습니다. 많은 여성이 한두 번은 유산이나 낙태를 경험하게 되는 만큼, 한 번 온 기회를 소중히 여기고 이러한 과정이 반복되지 않도록 내 몸을 귀하게 여기며, 무엇보다 생명을 소중히 해야 할 것입니다.

이와는 반대로 애타게 아이를 기다려도 임신하지 못하는 여성도 있습니다. 내가 원한다고 주어지는 것은 아닌 듯합니다. 실제로 아이를 가지려고 노력할 때는 임신이 되지 않다가, 그냥 주어지는 대로 살겠다고 마음먹고 집착에서 벗어났을 때 임신의 기쁨이 찾아오는 경우를 많이 보게 됩니다. 따라서 아기의 선택을 기다릴 줄 아는 지혜가 필요합니다.

08

아기가
엄마의 마음을 알고 있나?

태아는 들을 수 있고 마음을 읽을 수 있다

아이가 거꾸로 있다고 하는 임신부에게는 강의시간에 고양이 자세를 하게 하고 계속 암시를 줍니다. 먼저 임신부에게 등펴기 고양이 동작을 하게 하고, 목 뒤부터 꼬리 뼈까지 내쉬는 호흡을 하고 척추 마디마디에서 힘을 빼라고 합니다.

"자궁 안쪽이 부드러워지고 공간이 넓어집니다… 아이가 넓은 쪽으로 몸을 움직이기 시작합니다… 이제 아기는 서서히 몸을 움직여 머리를 아래로 향합니다."

보통 3회 정도 5분에 걸쳐 동작을 진행합니다. 그리고 자주 아기에게 말을 걸어 주라고 이야기합니다.

"아가야, 엄마랑 만나려면 이제 아래로 내려와야 해… 이번 주까지 머리를 아래로 향하게 돌아줘."

한 주가 지나 다시 임신부를 만나면, 그녀들은 모두 신기하게도 아기가 몸을 돌려 머리를 아래로 향했다고 말했습니다.

초월심리학자 엘라자베스도 출산 경험이 있는 100명의 여성과 인터뷰한 결과, 비록 태아가 육체적으로 미성숙하더라도 영적으로는 완전한 인간이기 때문에 임신부와의 통신이 가능하다고 했습니다. 마음의 힘이 작용했는지 요가 아사나가 도움이 되었는지는 알 수 없으나, 아기가 엄마의 마음을 알고 있다는 것을 간접적으로나마 체험할 수 있는 순간이었습니다.

내 경우에는 첫아이 때 출산 후 바로 회사로 복귀해야 했습니다. 그래서 아이가 순하고 잘 잤으면 하는 바람이 있었습니다. 당시 마음태교에 관한 정확한 인식이 없었던 상태였지만, 시간 날 때마다 틈틈이 배를 만지면서 말해 주었습니다.

"우리 아기, 저녁 7시에 자서 아침 7시에 일어나라."

정말 기적처럼 아기는 내가 다시 출근하기 시작한 때부터 정확히 저녁 7시에 잠들고 다음날 아침 7시에 깼습니다. 만약에 마음태교를 잘 알고 있었다면 더 쉬운 육아가 되지 않았을까 라는 아쉬움이 남지만, 아기의 수면 패턴은 주위사람들의 도움을 받기가 쉬웠고, 저녁에 강의가 있어 집에 못 가는 경우에는 남편이 쉽게 아기를 돌볼 수 있었습니다.

사실 어떤 이론이나 공부를 하지 않아도 우리 무의식은 마음의 힘을 다 알고 있는 것 같습니다. 오래된 전통태교의 내용을 살펴보면, 인류는 이미 마음의 원리를 알고 있었음에도 불구하고 현대의학과 과학이라는 관념 속에 터부시되었고, 정형화된 교육이 활성화되었습니다. 최근에서야 양자의학이라는 과학의 발달이 이루어지면서 태교가 과학적 사실로 밝혀지게 되었고, 마음이 중요하다는 인식을 하게 되었습니다.

감기에 걸려 고열로 시달리는 아이를 사랑과 정성으로 안아
주며 등을 다독였던 부모의 마음과 사랑의 손길은 열을 떨어
뜨리고 저절로 아이의 병이 낫게 했습니다. 기도나 생각만으
로도 저절로 일이 해결되거나 병이 낫는 경험을 한 번쯤은 한
적이 있을 것입니다. 아직 밝혀내지 못한 과학의 세계가 더 많
다는 것을 안다면, 무한한 우주의 정보 창고인 내 마음의 소리
에 귀를 기울이는 연습을 하는 것이 더 현명한 일 같습니다.
이 강력한 마음의 힘을 키우는 데는 약간의 연습이 필요할 뿐
입니다.

태아는
어떤 능력을 가지고 있나?

무한한 능력을 가지고 있다

양자의학에서 심성의학이란 사람의 3가지 구조 중 마음을 다루는 의학을 말하며, 특히 마음은 어떤 일도 할 수 있는 무한한 능력을 갖고 있습니다. 심성의학에서는 보고, 듣고, 맛을 보고, 냄새를 맡고, 피부로 느끼는 등 오감을 통해 얻어지는 지식 이외에 직관·투시·텔레파시·원격투시 그리고 예지 등과 같은 능력도 정상적인 사람이 갖는 보편적인 능력으로 생각합니다.

특히 태아기에는 어른들이 잃어버린 텔레파시 능력을 가지고 있습니다. 또한 마음을 가지고 있어 엄마의 마음을 느낄 수 있고, 우뇌를 이용해 이미지화된 꿈을 꾸는 등 많은 재능을 가지고 있습니다. 실제로 태아는 생애에서 가장 천재적입니다.

신생아는 1천억 개가 넘는 뇌세포를 가지고 태어나 이후 차차 줄어들게 되며, 뇌과학자들은 "0세에서 3세까지 유아 뇌의 비밀은 우주탐사에 의해 알게 된 비밀과 맞먹는다"고 합니다.

한 산모는 음악을 좋아해서 비발디의 「사계」를 임신기에 자주 들곤 했다고 합니다. 아이가 태어난 후, 아이는 울다가도 「사계」를 들으면 울음을 멈추고 음악을 즐기듯이 흥얼거렸고, 현재 다섯 살이 된 아이는 남달리 음악에 재능을 발휘하고 있다고 합니다.

또 다른 예로는 「스타킹」에 출연했던 다섯 살 예은이는 선천적인 시각장애를 가지고 태어나 한 번도 피아노 교육을 받지 않았음에도 불구하고 세 살 때부터 피아노를 치기 시작했다고 합니다. 아마도 태아기 때부터 자극을 받지 않았나 생각을 하게 되는 사례라고 할 수 있습니다.

내 경우 둘째를 출산할 때 오전 9시부터 아랫배가 무겁게 느껴지기 시작했습니다.

"오늘 태어나려면 아빠가 점심시간을 이용해서 널 보러 올수 있게 12시에 나와. 엄마가 맛있는 미역국을 먹을 수 있게 네가 도와줘."

집에서 병원에 갈 준비를 하고 따뜻한 물에 목욕을 하고 나니, 진통이 조금씩 빨라졌습니다. 11시쯤 병원에 도착하여 입원 수속을 한 다음 분만실에 들어간 지 20분 정도 지났을 때 아기가 쑥 나왔습니다. 내가 힘을 주어 낳았다기보다 아이가 자신의 힘으로 나왔다는 느낌이 강했습니다. 시계는 정확히 12시를 가리키고 있었고, 의사 선생님도 "힘주세요" 하려다가 너무 빨리 나온 아기를 받느라 멋쩍어할 정도로 아기는 스스로 모든 것을 잘해냈습니다. 태아는 우리가 알고 있는 것 이상으로 강인했고, 엄마의 마음을 다 알고 있습니다.

10

내 아이와 좋은 관계를 맺으려면
어떻게 해야 하나?

친정어머니와의 관계를 먼저 해결한다

여성이 임신했을 때야말로 반복되는 부모와의 관계에 변화를 꾀함으로써 새로운 패턴을 창출해 낼 수 있습니다. 특히 임신부와 친정어머니의 관계는 그대로 아이에게 이어지게 되므로, 임신은 그 관계 형성을 재정립할 수 있는 절호의 기회입니다.

보통 약한 아이는 부적절한 부모의 양육방식을 싫어하면서도 어른이 된 후 똑같이 따라 한다고 합니다. 하지만 강한 아이는 그 방식과 반대로 새로운 패턴을 만들며 삶을 개척해 나갑니다. 어머니를 증오하거나 원망하면서 내 아이를 키운다면 어느새 나도 모르게 어머니의 모습을 닮은 나를 발견하고 놀라게 됩니다. 임신부는 자신이 엄마로서 어떠한 역할을 할 것인지 그려 보고 친정어머니가 살아온 모습을 회상합니다. 아무리 모진 어머니라도 딸이 임신으로 인해 겪은 모든 과정을 지나왔고, 비록 잘못된 방식으로 양육을 했더라도 딸을 성인으로 만들었습니다. 예비 어머니 입장에서 친정어머니를 이해하고 용서하며 화해하도록 노력합니다.

한 임신부가 임신 중기 때 임신성 당뇨라는 진단을 받고 요가를 하라는 의사의 권유로 나를 찾아왔습니다. 그녀에게는 요가보다 마음의 위로가 더 필요해 보였습니다. 아들만 위하는 어머니 밑에서 자란 그 임신부는 어머니에 대한 부정적인 감정이 강했습니다. 2남 3녀인 그녀는 셋째딸로서 밑으로 두 남동생이 있었습니다. 어릴 때부터 어머니는 남동생들을 더 잘 챙겨 주었다고 합니다. 특히 그녀가 결혼할 당시 어머니는 남동생들에 비해 경제적 지원을 거의 하지 않았는데, 그때가 가장 서운했다는 것입니다.

"몸과 마음이 가벼워서 탄생 이전으로, 그 이전으로 갑니다. 이제 더 높이 하늘 위로, 우주로 올라가 봅니다. 당신은 지금 우주여행을 하고 있습니다. 우주에 무엇이 보입니까?"

"투명하고 밝은 빛들이 보여요. 나 말고도 많은 밝은 빛들이 엄마를 찾고 있어요."

"당신의 엄마를 찾아봅니다. 엄마가 어떻게 보이나요? 왜 엄마를 선택했나요?"

"엄마가 밝게 빛나 보여요. 내 엄마라는 생각이 들어요."

"이제 엄마의 자궁입니다. 자궁이 어떻게 느껴집니까?"

"따뜻하고 부드러워요."

"엄마는 임신 사실을 알았을 때 어떤 반응을 보였나요?"

"기뻐했어요."

"당신은 몇 번째 아이입니까?"

"세 번째 아이예요."

(중간 생략)

"임신 6개월로 가 봅니다. 어떤 느낌이 드나요? 엄마의 모습은 어떤가요? 마음은 어떤가요?"

"뱃속에서 손가락을 빨며 엄마의 목소리를 듣고 잠을 자요. 정말 행복해요. 엄마는 식당에서 요리를 하면서도 내 걱정을 하고 있어요. 엄마가 너무 일을 많이 해서 내가 뱃속에서 잘 크지 못할까 봐요."

"임신 9개월로 갑니다. 어떤가요?

"점점 답답해지고 호흡하기가 어려워요."

"답답해지는 원인이 뭔가요? 엄마는 그때 어떤 심정인 것 같아요?"

"엄마가 많이 불안해해요. 나도 불안하고 답답해요. 엄마가 자주 울어요. 내가 또 딸이라서 주변사람들, 특히 시부모님이 좋아하지 않을까 봐…"

"출산 직전으로 갑니다. 나갈 준비를 해야 하는데, 심정이 어떤가요?"

"두렵지만 이 안이 너무 비좁고 탁해서 빨리 나가고 싶어요. 무엇보다 엄마가 몹시 보고 싶어요."

"자, 이제 세상 밖으로 나왔습니다. 느낌이 어떤가요?"

"너무 밝고 춥고 배고파요. 빨리 엄마 품에 안기고 싶어요… 엄마가 날 포근히 안아 주었어요. 엄마가 울고 있어요… 엄마는 나를 무척 사랑하는데, 아무도 병원에 오지 않았어요. 엄마 혼자 너무 외롭고 힘들었어요."

임신부와의 첫 번째 무의식 작업은 혼자 외로이 울고 있는 엄마를 포근히 안아 주는 것이었습니다.

"엄마, 나를 그토록 힘겹게 낳았는지 몰랐어. 고마워. 혼자 외롭고 힘들었지? 내가 꼭 안아 줄게… 엄마, 날 낳아 줘서 고마워요."

몇 가지 화해작업을 한 후 무의식 작업을 마쳤습니다. 임신부는 어머니가 자신을 낳았을 때 병원에 혼자 있었다는 사실을 알지 못했습니다. 나중에 어머니에게 물어 보니, 어떻게 알았느냐며 의아해하셨다고 합니다.

사실 그녀는 탄생함으로써 이미 어머니를 위로하고 모든 보상을 해 준 것이나 다름없습니다. 다만 이번 작업은 어머니를 향한 그녀의 시선이 바뀌었다는 것이 중요합니다. 그녀는 이후 몇 차례 상담을 통해 자신을 키워 오면서 겪었을 많은 일들을 조명해 보며 어머니를 더 이해하게 되었습니다.

　다행히 그녀의 임신성 당뇨도 출산과 동시에 사라졌고 건강한 아이를 낳아 사랑으로 키우고 있습니다. 임신성 당뇨는 대부분 임신기간 잠시 생겼다가 없어지지만, 어머니와의 관계 변화에 따른 용서와 화해는 그녀의 몸에서 좋은 화학작용을 했을 것입니다. 이후 어머니의 잘못된 양육방식에 대한 코칭을 해 주었습니다. 특히 감정 코칭, 나 전달법 등 아이에게 상처주지 않으면서 의미를 전달할 수 있는 연습을 시켰습니다.

바꿔서 말하기 연습

"동생들도 먹어야 하는데 네가 다 먹으면 어떻게 하니? 넌 커서 뭐가 되려고 그러니?

"많이 배고팠구나. 그렇다고 다 먹으면 동생들도 먹고 싶다고 할 텐데."
"동생들도 먹고 싶다고 찾을 것 같아 뭐라고 말해야 할지 걱정이 되는구나."

어머니의 모진 말로 많은 상처를 받았던 그녀는 이제 '어머니는 나를 사랑했지만, 단지 표현 방법을 몰라서 그런 거야' 하고 생각하는 이해심 많고 현명한 딸이 되었습니다. 임신부는 친정어머니와의 관계 개선과 더불어 자신이 커 오면서 상처받았던 어머니의 잘못된 양육방식을 바꾸기 위해 적극적으로 연구하며 노력했습니다. 그 임신부에게 마셜 로젠버그가 쓴『비폭력 대화』라는 책과 할 어반이 지은『긍정적인 말의 힘』, 존 가트맨의『내 아이를 위한 감정코칭』등의 감정표현과 언어에 관련된 책을 권했습니다. 임신부는 관련 세미나를 들으며 EBS「부모」를 시청했습니다.

이러한 노력은 무엇보다 어머니와의 관계가 그대로 아이에게 전해진다는 것을 직접 체험했기 때문에 가능했을 것입니다.

그녀는 현재 상담사가 되는 새로운 꿈을 꾸고 있다고 합니다. 이제 그녀의 자녀들은 그녀보다 덜 상처받고 사랑 속에서 성장할 것이며, 그녀는 아픔을 겪은 만큼 아픈 이들의 마음을 어루만져 줄 수 있는 따뜻한 상담사가 될 것이라 여겨집니다. 이와 같이 친정어머니와의 관계는 그대로 아이와의 관계로 이어지는 만큼 어떤 방식으로든 화해를 위한 노력이 필요합니다.

출산은
어떻게 준비해야 하나?

결혼을 준비하듯 출산을 준비한다

출산은 의학적인 사건이 아니라 자연적인 과정임에도 불구하고, 현대사회에서는 여성들이 신체활동량 감소와 더불어 각종 스트레스와 환경 호르몬에 노출되어 몸의 강직도가 높아짐으로써 고령임신으로 인한 난산의 빈도가 잦아지고 있습니다.

오랜 기간 임신부를 대상으로 요가를 지도하며 좌식생활로 인해 특히 하체에 힘이 없고 골반이 틀어져 있는 사람을 많이 보았습니다. 몸보다 마음이 경직되어 있어 동작보다는 호흡과 이완을 통해 먼저 휴식을 취해야 할 임신부들이 많았습니다. 아무리 요가 아사나나 마사지로 몸을 풀어 준다고 해도, 마음이 경직되어 있고 내면의 긴장도가 높으면 다시 몸이 경직되는 경우가 있었습니다. 무엇보다 마음태교로 마음이 경직되지 않도록 주의를 기울이는 노력이 순산에 꼭 필요한 요소라고 할 수 있습니다. 몸과 마음이 경직되지 않도록 자주 살피며 스트레스를 해소할 수 있는 자신만의 해결 방법을 찾아보도록 합니다.

우선 자신이 가장 쉽게 할 수 있고 좋아하는 것을 통해 긴장감을 내려놓는 연습부터 합니다. 매일 실천할 수 있는 방법으로 하루의 긴장감을 내려놓을 수 있도록 가능하면 같은 시간대에 반복합니다. 예를 들어, 잠들기 전 허브티를 마시며 숨을 길게 내쉬어 따뜻한 기운이 온몸에 퍼지는 것을 느낀다거나, 남편과 개그 프로그램을 보며 아무 생각 없이 웃는다거나, 잠들기 전 서로의 발을 마사지해 준다거나, 좋아하는 음악을 듣는 것도 괜찮은 방법입니다.

내 경우에는 스트레스를 많이 받았을 때, 달콤한 차를 마시거나 「호오포노포노」란 곡을 들으며 머리끝에서 발끝까지 의식적으로 내 몸을 바라보며 점진적으로 힘을 뺍니다. 「호오포노포노」란 곡은 '미안해, 용서해 줘, 고마워, 사랑해'라는 말이 반복됩니다. 복식호흡을 하면서 음악의 흐름에 맞추어 "오늘 하루 나를 힘들게 해서 미안해, 오늘 하루 잘 보내 줘서 고마워. 사랑해!" 하고 나에게 말을 건넵니다. 그러면 어느덧 몸에 남아 있던 긴장감이 사라지게 됩니다. 자세한 내용은 Part 2. 실천편을 참고하여 자신이 가장 좋아하는 방법으로 긴장감을 풀도록 합니다.

다음으로는 출산에 대해 긍정적인 이미지를 확대시켜 가는 것입니다. 몸과 마음이 서로 밀접한 관계를 가지고 영향을 미치는 것은 분만 과정에서 더욱 극명하게 드러납니다. 제왕절개의 예방을 목적으로 쓰여진 『침묵의 칼』에서는, 자신에 관한 신념과 사고는 출산에 영향을 미치며, 공포와 불안감은 근육의 긴장과 혈류와 호르몬 분비의 불균형을 야기시킴으로써 분만시간이 늘어나게 되고 무의식적으로 분만을 방해하게 된다고 합니다.

'버스 트라우마(birth trauma)'라는 말은 출산시 산아가 경험한다는 고통과 두려움을 뜻하는데, 많은 연구 결과 제왕절개율과 성인이 되어서의 폭력성과 자살률은 높은 상관관계를 가진다고 밝혀져 있습니다. 우리나라는 40%에 육박하는 제왕절개율을 나타내고 있어 보다 안전한 출산을 위해서는 자신의 몸을 신뢰하고 버스 트라우마를 최소화하기 위한 노력을 해야 합니다. 확실한 것은 분만에 대해 긍정적 이미지를 가진 산모들은 그렇지 않은 산모들에 비해 분만이 보다 쉽다고 합니다.

분만에 대한 긍정적인 견해를 갖는 것은 산모뿐만 아니라 배우자에게도 중요한데, 성행위와 더불어 같은 곳을 통하게 되어 있는 분만에 대해 긍정적으로 바라보는 것은 출산 후 성교에 대한 태도와도 연결됩니다. 성(性)에 적극적일수록 분만에 대한 자세 또한 적극적이며 두 가지는 서로 비슷한 면을 가지고 있습니다. 결혼생활에서 성이 전부는 아니지만, 그것이 부부의 삶을 윤택하게 만드는 요소임에는 틀림없습니다. 출산을 통해서 부부가 함께 경이로운 체험을 함으로써 최대의 오르가슴을 느낄 수 있습니다. 출산을 했다고 해서 성에 대한 거부감을 갖거나 외면하는 경우는 대부분 분만에 대한 태도 역시 소극적입니다. 이처럼 성에 대한 태도가 분만과 연결되는 만큼 적극적인 준비로 산후의 부부생활에 대한 관심을 이어 나가도록 합니다. 더욱이 많은 연구에서 배우자가 분만의 자리에 함께한 경우 분만시간이 짧아지고 고통도 줄어들었다고 합니다. 이와 같이 분만은 아이와 산모의 안전과 직결된 만큼 남편이 적극적인 태도로 함께해야 할 것입니다.

분만을 준비하며 배우자 역시 남편으로서, 또 한 아이의 아버지로서 정체감을 재정립하고 자신의 문제를 해결해야 하는 과제를 얻게 되며, 스스로 해결해 나가는 과정을 통해 성숙을 이룹니다. 임신과 출산이라는 것은 여자 못지않게 남자에게도 중요합니다. 산모는 남편 또한 많은 애를 쓰고 있다는 것을 이해하고 그 무게감을 함께 나누려는 노력이 필요합니다.

둘째를 임신했는데, 출산이 너무 무섭고 고통스러워 아이를 잘 낳을 수 있을지 걱정이 된다는 임신부가 있었습니다. 첫아이를 임신했을 때 태아가 크다며 유도분만을 하자고 하는 의사의 말에 어떤 의학적 지식 혹은 몸에 대한 확신이 없었던 그 임신부는 2박 3일의 난산 끝에 출산을 했습니다. 그때의 고통이 일종의 트라우마로 남아 있었던 것입니다. 나는 그녀에게 임신기간 동안 임신부 요가를 하게 하고, 더불어 출산에 대해 계속 긍정적인 암시를 주었습니다. 그 결과 다행히 그녀는 어떠한 의료적 처치 없이 30분 만에 자연분만을 할 수 있었습니다. 그녀는 통증이 오자 기뻐하며 "진통아, 고마워"라는 말을 반복했다고 합니다. 자연진통이 오지 않았다면 다시 유도분만을 해야 했을 텐데, 출산의 진통을 진심으로 기뻐하자 통증은 약해지고 자궁 입구가 부드럽게 열렸습니다. 거기에 몸을 내맡기자 고통 없는 출산이 가능했습니다.

'내 몸은 아이를 잘 낳을 수 있을 만큼 건강하고 능력 있다'는 믿음을 가졌던 것이 분만의 과정을 더 부드럽고 편안하게 만들어 주었다고 확신합니다. 긍정적 시각의 자연적인 출산과 관련된 책을 읽고 임신과 출산에 관한 정보를 얻도록 합니다. 특히 Part 2. 실천편을 참고하여 '행복한 분만 상상하기'를 자주 실천합니다.

출산에 대한 정보를 얻고 자신감이 생겼다면 미리 분만할 곳을 정해 임신 중기부터 자주 다녀 친숙함을 느낄 수 있도록 합니다. 국내 병원의 경우 출산 환경을 선택할 수 있는 범위는 다양하지 못합니다. 산모 감소와 더불어 병원 분만실마저 축소되고 있는 현실 속에서 수중분만이나 최면분만·의자분만이 가능하고 산모를 위해 세심한 배려를 해 주는 산부인

과는 많지 않습니다. 대부분의 여성들은 병원 침대에 누운 채 아이를 낳게 되고, 회음절개술·약물 처치·마취 등의 의학적인 처치를 받고 있습니다. 출산은 병적이 아니라 정상적인 과정이므로 사실 의학적인 처치는 필요치 않지만, 가정분만이나 다른 방법을 선택하기 위해서는 무엇보다 자신의 몸에 대한 확신과 다양한 출산 방법에 대한 사전지식을 습득해야 합니다. 즉, 자신이 선택한 출산 방법에 따른 사전조사가 반드시 필요합니다.

우리가 결혼식을 앞두고 웨딩드레스는 어떤 것을 입을지 예식장은 어디로 할지 고르듯이, 출산에 대해서도 정성스러운 준비가 필요합니다. 부부가 현명하게 서로를 의지하며 출산을 준비한다면, 그 과정 자체가 기억에 남는 즐거운 이벤트가 될 수 있을 것입니다.

12

태어나는 아기에게 가장 중요한 것은 무엇인가?

무엇보다 마음이 건강해야 한다

부모라면 누구나 처음 아이가 태어났을 때 "건강하게 태어나 줘서 고마워" 하고, 똥오줌을 못 가리던 아이가 화장실에 가서 대변을 보았을 때 "우리 아이가 이제 똥도 잘 가려요"라며 자랑을 합니다. 아이가 처음으로 "아빠, 엄마"라고 불렀을 때의 그 눈물 나는 감동을 기억할 것입니다. 나 또한 아이가 글자를 배운 지 얼마 안 되어 삐뚤빼뚤한 글씨로 써 준 '엄마 사랑해!'란 쪽지를 늘 지갑에 넣고 다니며 그때의 감동을 간직하려고 노력합니다.

그러나 저를 포함한 많은 부모들이 이 감동의 순간을 잊어
버리고 사는 듯합니다. 아이의 행복보다는 성적과 외모, 키,
성공의 조건들에 더 관심을 두게 됩니다. 우리나라 청소년 자
살률은 10년간 57%나 높아졌습니다. 성적 압박과 학교폭력,
왕따 스트레스 등에 따른 것으로 여겨지는 충동적 자살이 늘
어나고 있기 때문입니다.

아이의 무의식 중 대부분을 차지하는 태아기는 쉽게 뇌와 정서를 자극합니다. 마음이 건강한 아이는 주체성과 자아존중감이 높고 어려운 일이나 상황에 놓였을 때 현명하게 극복하는 힘이 있습니다. 아이의 자아존중감을 높이려면 부모가 먼저 높은 존중감을 가지고 있어야 하며, 그 마음은 그대로 아이에게 이어집니다. 먼저 나를 변화시키려는 노력을 끊임없이 지속합니다. 나를 위해 마음으로 하는 태교를 실천하는 것입니다. 과도한 경쟁사회 속에 살아가는 우리는 무엇보다 쉽게 포기하지 않고 스스로를 사랑하는 마음이 강한 아이를 낳아야 합니다. 비싼 재능교육이나 영어교육에 공을 들이기보다는 어떻게 하면 아이의 마음이 건강할 수 있을까 관심을 가져야 합니다.

마음태교는 마음이 강한 아이를 낳을 수 있도록 도와줄 것입니다. 지금 바로 강력한 마음의 힘을 믿어 봅니다.

좀 더 나은 삶을 살려면 무엇이 필요한가?

우리는 이미 필요한 모든 것을 가지고 있다
다만 그것을 모를 뿐이다

어느 날, 주로 최면 분야의 전생퇴행기법을 이용하여 상담을 하는 친구에게 호기심으로 물었습니다.

"사람들은 전생을 통해 많은 것을 깨닫고, 또 변화하지?"

"아니, 그게 아닌 것 같아. 나도 얼마 전까지만 해도 사람들은 다 자신의 노력에 따라 변화할 수 있다고 생각했었는데, 상담을 계속하면서 그렇지 않다는 사실을 깨달았어. 99%의 사람들은 외형만 바뀌었을 뿐 변화하지 않고 같은 이유로 전생을 반복했어. 정말 변화할 수 있는 사람은 극소수에 불과한 모양이야."

많은 내담자들이 더 나은 삶을 살고 싶다고 찾아오지만, 정작 변화를 위한 노력을 하기보다는 자신이 갖지 못한 것에 대한 분노와 상실감을 느끼는 경우가 많다고 했습니다. 나는 통찰을 통한 인식과는 별개로 그만큼 현실에서 반복되는 현상을 행동으로 끊어 버리기가 쉽지 않다는 의미로 받아들였습니다.

변화는 정말 쉽지 않습니다. 99%의 사람들이 전생과 비슷한 삶을 반복한다는데, 현재의 생에서 얼마나 많은 기회를 알아차리지 못하고 반복되는 하루를 살고 있을지 반성하게 됩니다. 우리는 살아가며 큰 계기가 없으면 인간으로서 더 성장하고 변화할 수 있는 기회를 어리석게도 알아차리지 못하고 회피하거나 부정적으로 받아들입니다. 이미 주어진 것에 대한 감각은 무뎌지며 잃어버린 후에야 소중함을 느끼게 되는 경우가 많습니다. 너무나 안타까웠던 '세월호' 사고를 본 많은 분들이 아이와 함께 마주앉아 밥 먹을 수 있는 것이 얼마나 감사하고 소중한 일인지 새삼 깨달았다고 합니다. 또한 정도를 지키는 기본이 얼마나 중요한지 절감하게 됩니다.

우리는 이미 필요한 모든 것을 가지고 있음에도 불구하고 그것을 인식하지 못한 상태로 살아갑니다. 필요한 모든 것을 가지고 있으면서도 깨닫지 못한 채 불만 속에 살아가는 경우가 많기 때문에 매순간 그것을 알아차리는 연습이 필요합니다. 이러한 순간의 알아차림으로 가슴 깊은 곳으로부터의 내적 울림에 귀를 기울이면 외적인 상황에 대한 변화도 더 명료하게, 더 빨리 알아차리게 되며, 현명함이란 무기를 얻게 됩니다.

여성으로서 일생을 살아가며 겪을 수 있는 가장 큰 변화의 계기는 바로 임신이 아닐까 여겨집니다. 임신은 새 생명을 만드는 숭고한 과정이기도 하고 한 인간으로서 성장하게 만드는 절호의 기회이기도 합니다. 만약 임신의 과정을 불필요한 고통으로 여기고 알아차리지 못한다면 인간으로서 성숙할 기회도, 훌륭한 자손을 얻을 기회도 놓치게 될 것입니다. 태교는 임신부와 태아의 마음·언행·감정 등을 정화시키며 몸과 마음에 좋은 영향을 미치도록 하는 오래된 조상의 지혜입니다. 태교의 무관심과 더불어 인스턴트 식품, 제왕절개, 무분별한 의약품 사용 증가와 주거환경의 변화는 청소년의 자살률과 유아의 정서장애 발생률을 높이고 있습니다.

더욱이 우리나라는 2013년 기준 세계 최저인 1.08명을 기록할 만큼 매년 출산율이 감소하는 추세에 있습니다. 한 국가가 유지되려면 출산율이 2.1명 이상은 되어야 한다는데, 결혼은 점점 늦어지고 출산을 기피하는 안타까운 일이 반복되고 있습니다. 많은 아이를 낳을 수 없는 상황이라면 한 명이라도 마음이 건강한 아이를 낳아 인류를 번영케 하는 것이 이 땅에 태어난 우리의 가장 큰 사명이라고 생각됩니다. 지금은 내가 성장하고 후손의 역사를 바꿀 수 있는 변화의 기회입니다. 인간만이 강력한 마음의 힘으로 스스로의 삶을 변화시킬 수 있다고 믿습니다. 바로 지금 내 뱃속에 텃밭을 아름답게 가꾸는 마음 태교를 시작합시다.

PART **02**

마음으로 하는
태교 실천하기

01

매일 텃밭에 물을 주듯이 우리의 몸과 마음에도 날마다 물을 주어 마르지 않게 합니다. 몸과 마음도 지나치게 사용하면 건조해집니다. 몸은 마르거나 물이 공급되지 않을 것에 대비해 과도하게 영양분을 잡아두어 비만하게 됩니다. 마음 또한 지나치게 사용하다 보면 지쳐서 아무 감정을 느낄 수 없이 메마르게 되거나, 반대로 너무 깊이 감정을 숨기는 것이 습관화되어 결과적으로 감정표현을 못하게 되고 억눌린 감정들이 밑바닥에 고여 썩게 됩니다.

몸도 마음도 휴식을 취하게 한 다음 물을 공급해 주고, 물이 잘 흐르도록 항상 살펴 주어야 합니다. 흐르는 물은 썩지 않는다고 합니다. 이완하는 연습과 더불어 나만의 휴식시간은 마른 땅에 물을 공급해 주며, 적절한 운동과 주변사람들과의 소통은 그 물이 흐르게 할 것입니다. 임신부의 경우는 태아와의 대화를 통해 이루어지는 소통이 앞으로의 관계를 설정해 주는 만큼 날마다 아이에게 말을 겁니다. 매일 실천법으로 몸과 마음을 촉촉하게 유지합니다.

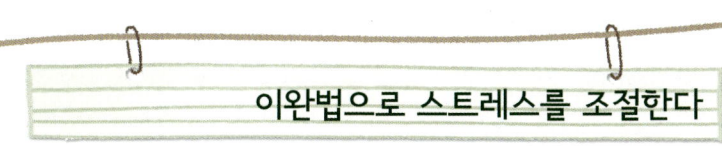

이완법으로 스트레스를 조절한다

각종 스트레스에 시달리는 나에게 매일 잠깐씩 휴식을 누릴 수 있는 보상시간을 줍니다. 이완 연습을 통해 몸과 마음이 경직되지 않도록 돌보아줍니다. 이완 연습을 하다 보면 완전히 휴식하게 되고 자연스럽게 깊은 호흡을 하게 됩니다. 이완은 명상으로 가는 첫 번째 관문이라 할 수 있으며, 스트레스 해소에 도움이 됩니다. 특히 산모에게는 분만의 조절력과 출산의 고통을 완화시키는 역할을 합니다. 몸이 지치고 힘들 때 이러한 연습은 모든 신체기관을 빠르게 회복시키며 에너지 순환을 돕게 합니다.

가장 좋은 방법은 내가 가장 잘 알고 있고 내가 쉽게 할 수 있는 것입니다. 좋아하는 차를 마셔도 좋고 좋아하는 음악을 들어도 괜찮습니다. 그동안 잊고 지냈다면, 음악이든 미술이든 운동이든 좋아하는 것을 다시 찾으십시오. 나를 편안히 만드는 것을 가까이 두고 함께하도록 합니다. 나를 위한 시간을 할애하는 데 관대해져야 합니다. 몸도 마음도 자주 사용하는 기능을 기억하게 됩니다.

방법 1. 의식이완법

이 방법은 장소와 자세에 구애받지 않고 진행할 수 있는 장점이 있습니다. 출퇴근 시간 스마트폰을 보기보다는 눈이 쉴 수 있게 조용히 눈을 감고 내 몸과 마음을 바라보는 시간을 가져도 좋고, 퇴근 전 잠시 의자에 앉아 하루의 일과를 정리하고 몸과 마음을 정화시키는 시간을 가져도 좋을 듯합니다. 아마도 집으로 가는 길이 더 가볍지 않을까요? 마음의 눈으로 머리끝부터 발끝까지 바라보며 순차적으로 이완시킵니다.

두 눈을 감아도 좋다.
몸 느낌에 집중하도록 한다.
스스로 암시를 한다.
정수리에 힘이 빠진다. 편안하다.
머릿속이 비어 간다. 편안하다.
이마에 주름이 펴진다. 편안하다.
미간에 힘이 빠진다. 편안하다.
두 눈에 힘이 빠진다. 눈 안쪽까지 편안하다.
목뒤에 힘이 빠진다. 편안하다.
어깨에 힘이 빠진다. 편안하다.
가슴에 힘이 빠진다. 편안하다.

등에 힘이 빠진다. 편안하다.

배에 힘이 빠진다. 편안하다.

허리에 힘이 빠진다. 편안하다.

엉덩이에 힘이 빠진다. 편안하다.

허벅지에 힘이 빠진다. 편안하다.

무릎에 힘이 빠진다. 편안하다.

종아리에 힘이 빠진다. 편안하다.

머리끝에서 발끝까지 의식으로 몸과 마음을 살피며 '편안하다'라는 말을 반복합니다. 편안해질 때까지 이 과정을 여러 차례 반복합니다.

처음에는 마음의 눈으로 몸의 바깥부분만을 바라보며 머리에서 발끝까지 진행하고, 두 번째는 몸 안쪽 뼈와 내장기관 등의 내부를 바라보며 머리에서 발끝까지 진행합니다. 몸을 바라보는 것이 익숙해지면 의식을 따라 몸과 마음의 전체적인 에너지의 흐름을 바라보며 이완합니다.

또 몸을 오른쪽 왼쪽 반으로 나누어 진행해도 좋고, 호흡의 리듬에 맞추어 들숨에 머리에서 발끝을 빠르게 바라보고 날숨에 발끝에서 머리끝을 바라보아도 좋습니다. 호흡은 가슴을 지나 복부 아래로 지나가고, 점점 깊은 호흡을 하게 되며 발끝까지 전체호흡이 가능해집니다. 몸을 이완하는 데 걸리는 시간은 점차 짧아지게 되고, 몸이 적응되면 한 번의 깊은 호흡과

의식만으로도 이완할 수 있게 됩니다. 결국 마음으로 몸 전체를 바라보지 않아도 '편안하다'라는 암시만으로 이완할 수 있게 됩니다.

의식으로만 이완하는 것이 어려운 사람들은 몸을 움직여 이완하도록 합니다. 이 방법은 장소에 구애를 받게 되는데, 편안히 동작을 할 수 있는 곳을 찾아 앉거나 누워서 진행합니다. 가능하면 같은 시간대에 같은 장소에서 꾸준히 반복합니다.

방법 2. 급진이완법

바르게 선 자세(Tadasana)

마치 산처럼 고요하게 똑바로 서 있는 모습입니다. 바른 자세를 잡는 데 가장 큰 도움이 됩니다. 임신 중기부터 배가 점점 불러 오고 살이 찌면서 몸의 무게중심이 바뀌어 요통과 함께 어깨·목에 통증이 오는데, 산자세를 통해 통증을 완화시킬 수 있습니다.

바르게 선 상태로 몸통 부위를 긴장시키고, 특히 몸의 가장 약한 부위인 목 앞쪽을 단단히 조이고, 가슴을 활짝 펴고, 복부와 엉덩이는 몸통 중심으로 힘을 줍니다. 양팔은 옆으로 내려 살짝 외회전시킵니다. 두 다리는 가지런히 모으고 허벅지를 붙이도록 노력합니다. 몸무게는 발바닥 아래로 내려 줍니다. 최소 15초 이상 유지한 후 머리끝부터 발끝까지 천천히 몸에서 힘을 뺍니다.

방법 3. 앉아서 몸풀기 방법

이 방법은 주로 요가 아사나 실시 전 몸풀기로 많이 합니다. 아사나(Asana)는 '자세 행법'이라는 뜻으로, 요가의 8단계 중 세 번째 자세이며, 자세뿐만 아니라 호흡이 일체가 되어 진행됨을 의미합니다.

평상시에도 몸이 찌뿌드드하다고 느껴질 때 10분 내로 가볍게 할 수 있으며, 특히 관절을 부드럽게 해 줍니다. 임신부에게는 임신으로 인한 관절의 통증을 예방하는 역할을 합니다.

의자에 앉아서 해도 좋지만, 바닥에 다리를 펴고 앉아서 하는 것이 가장 편안합니다. 좋아하는 드라마를 기다리며 광고 시간에 몸풀기를 하면 좋습니다. 심장과 가장 거리가 먼 발끝부터 머리까지 순차적으로 몸풀기를 진행합니다.

다리 풀기

빠르게 두 다리를 좌우로 흔들고 아래위로 떨어 줍니다. 다리가 부드럽게 움직여지는 느낌이 들면 멈추고 작업 부위의 느낌을 잘 감지합니다. 분명 움직이기 전보다 다리가 가벼워졌음을 느낄 것입니다.

작은 원을 그리듯이 허리를 좌우 45도 방향으로 흔든 뒤 멈추고 허리가 편안해졌나 느껴 봅니다.

어깨를 들어올렸다 내렸다 빠르게 반복한 후 어깨가 편안해
졌다는 암시를 합니다.

손목을 빠르게 흔든 뒤 손의 찌릿함을 느껴 봅니다.

머리를 옆으로 도리도리, 위아래로 왔다갔다 하면서 목을
가볍게 풀어 줍니다.

방법 4. 누워서 하는 8단계 이완법

누워서 편안히 할 수 있어 가장 추천하고 싶은 방법입니다. 잠이 잘 안 올 때 침대에 누워 이완법을 실천해 보면 좋을 것입니다. 임신부의 경우 막달이 되면 손발이 저리고 쥐가 나기 쉬운데, 몸의 피로를 풀어 주고 그러한 고통을 예방하며, 특히 불면증 개선에도 도움이 됩니다. 첫 번째 단계인 발끝 치기만 해 보아도 좋습니다. 상기되었던 기운이 가라앉고 비장 경락을 자극시키고 에너지 흐름을 원활하게 해 줍니다. 발끝이 따뜻해지면서 스르르 잠이 올 것입니다. 다만 5분 이상은 쉬지 않고 빠르고 강하게 발끝을 쳐야 합니다. 이후 천천히 강도를 조절해 갑니다. 모든 단계는 처음에는 백 번씩 시도하고 점차 늘려 천 번까지 반복한 후 다음 단계로 넘어갑니다.

1단계 누워서 발끝 치기

똑바로 누운 후 엄지손가락을 접고 가볍게 주먹을 쥔 다음 몸통 옆에 내려놓습니다. 뒤꿈치를 붙이고 발바닥 안쪽이 서로 부딪치도록 강하게 쳐 줍니다. 처음에는 서혜부 안쪽이 당기고 아프지만, 반복하다 보면 500개 이상 할 수 있게 됩니다. 700개 정도 하다 보면 허리가 시원한 느낌이 들면서 자동적으로 1천 개까지 쉽게 할 수 있습니다.

2단계 무릎 치기

두 무릎을 구부린 후 꼬리뼈를 살짝 들었다 내려 허리가 바닥에 닿도록 합니다. 두 무릎과 허벅지·종아리 안쪽이 서로 부딪치도록 강하게 쳐 줍니다.

3단계 엉덩이 들었다 놓기

무릎을 구부린 채 다리의 간격을 골반 넓이만큼 벌린 후 엉덩이를 들어올렸다가 힘을 한번에 빼면서 바닥에 내려놓습니다. 100개에서 1천 개까지 반복해서 바닥을 칩니다. 이 동작 이후 온 몸의 힘을 빼고 회음부 조이기를 100회 이상 연습하는 동작으로 연결해도 좋습니다.

4단계 가슴 들었다 놓기

다리는 펴도 좋고 구부려도 좋습니다. 양 팔꿈치를 몸통 옆에 붙여 세운 후 뒤통수와 팔꿈치로 바닥을 밀어내는 느낌으로 가슴을 높이 들어올렸다가 등을 바닥에 내립니다. 이 과정을 반복합니다.

5단계 고개 좌우 흔들기

고개를 좌우 45도 각도로 움직여 줍니다.

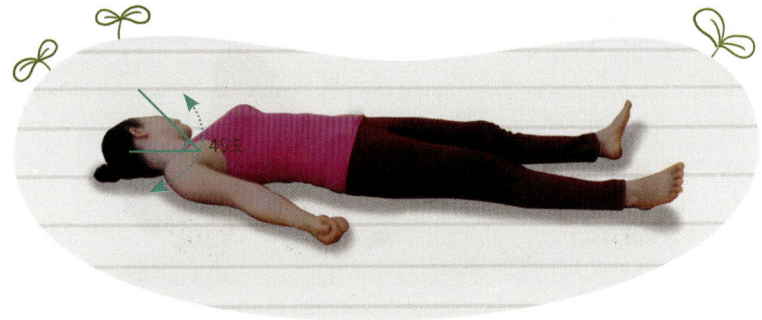

  양손을 가슴 가운데 모아 쇄골 부분에서부터 횡격막 아래까지 쓸어내렸다 올렸다를 반복합니다.

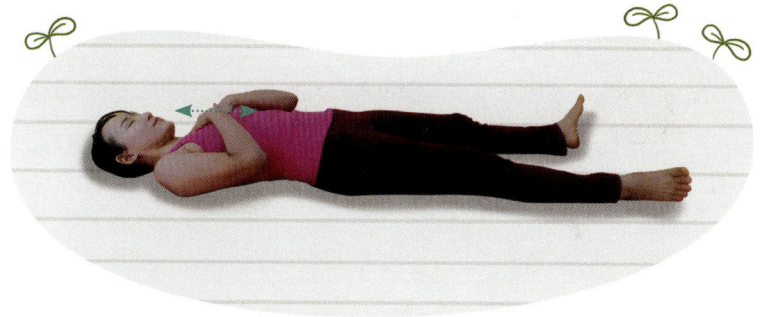

7단계 복부 쓸어내리기

양손을 5단계와 반대로 모아 위장 바로 아래 대장 부위부터 아랫배 아래까지 쓸어내렸다 올렸다를 반복합니다.

8단계 사바아사나(Savasana)

몸이 이완된 상태로 요가에서 쉬는 자세 중 대표적인 것입니다. 온몸이 이완된 상태에서 정신을 한 곳에 집중하되 잠에 빠지지는 않습니다. 온몸의 긴장과 피로를 풀어 주며 현대병인 스트레스·고혈압에 좋습니다. 누운 상태에서 다리를 어깨너비로 벌리고, 팔은 몸에서 한 뼘 정도 떨어지게 편하게 바닥에 내려두며 손바닥은 하늘을 향하게 합니다. 눈을 감은 채 온몸의 힘을 빼고 3~5분간 편안하게 호흡합니다.

7단계를 마친 후 8단계 사바아사나(송장 자세)로 편안히 쉬면서 깊이 호흡을 합니다. 긴장된 몸과 마음이 스르르 풀립니다. 그래도 긴장감이 남아 있으면 다시 1단계에서 7단계를 반복합니다.

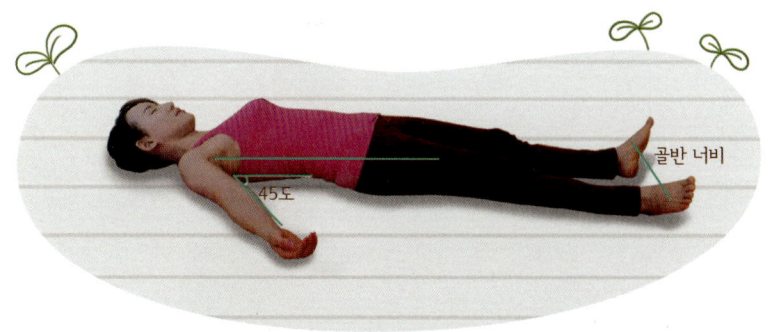

45도

골반 너비

방법 5. 모관운동

　모세혈관을 진동시킴으로써 피로회복과 신진대사를 활발하게 해 주는 운동 방법입니다. 임신부의 경우 점점 배가 불러오며 생기는 다리의 부종을 없애 주고, 산후에는 피로한 몸을 회복시키는 데 효과적입니다. 바닥에 척추를 일자로 하고 똑바로 누운 뒤 무릎을 세우고 팔과 다리를 하늘로 들어올려 손과 발의 힘을 풀고 가볍게 진동시켜 줍니다. 동작을 반복하다가 진동을 멈추고 10초 정도 팔다리를 든 상태로 배에 힘을 주고 숨을 내쉰 다음, 몸의 힘을 빼며 팔다리를 가볍게 바닥으로 내립니다. 이후 사바아사나로 휴식을 취합니다.

방법 6. 도구를 이용한 이완법

몸이 심하게 경직되어 있거나 자세가 불균형한 경우 도구를 사용하면 보다 빨리 이완할 수 있습니다. 목에서부터 꼬리뼈까지 목침이나 베개, 쿠션 또는 요가에서 쓰는 폼블럭, 쿠룬타를 이용하면 됩니다. 최근에는 요가 아사나를 편하게 할 수 있도록 높이가 다른 다양한 모양의 폼블럭과 휴대가 간편한 미니 쿠룬타도 많이 출시되고 있으니, 구입해서 사용해도 좋을 듯합니다. 여기서는 임신부가 쉽게 혼자 할 수 있도록 집에서 흔히 볼 수 있는 목침과 베개를 이용해 이완하는 방법을 알려 드립니다.

먼저 평상시 올바른 베개를 선택하여 수면에 도움이 되도록 합니다. 가장 바람직한 수면 자세는 누웠을 때 목뼈와 허리뼈의 만곡이 자연스러워 긴장이 없는 상태를 말합니다. 등을 바닥에 대고 자는 경우 베개 높이는 누워 있는 옆모습을 보았을 때 목뼈가 자연스런 C커브가 되도록 해야 합니다. 따라서 머리와 목의 높이가 바닥에서 6~8센티미터 정도로 비교적 낮아 목과 허리에 부담이 없는 베개를 선택합니다. 그러나 오랜 시간 책상 앞에 앉아 있는 현대인들이 늘어나면서 일자목이 많아지고 있습니다. 머리에 산소가 충분히 공급되도록 목침을 이용하여 C커브를 만들어 줍니다.

1단계 목 뒤

목 부분은 높게, 머리 부분은 낮게 하여 반달형의 목침을 베고 눕습니다. 시간은 5분 이내로 목에 힘을 빼고 양손은 손바닥이 위로 향하게 놓습니다.

  등 뒤에(여성의 브래지어 끈 뒤에) 요침이나 베개를 놓습니다. 흉추 7번 뒤에 놓고 5분 이내로 휴식을 취합니다. 다리는 펴고 두 팔을 위로 올립니다. 흉추를 제자리로 돌리는 효과가 있으며 불면증과 위 · 폐 · 간 기능 회복에 효과적입니다.

3단계 허리 뒤

　요침을 엉덩이 쪽으로 당겨 엉치뼈에 놓고 눕습니다. 다리
는 어깨너비로 벌리고 팔을 아래로 내린 다음 양손은 손바닥
이 위로 향하게 사바아사나와 같은 동작을 취합니다. 허리 밑
에 있는 요침을 느끼고 모든 것을 거기에 맡기는 마음으로 이
완합니다. 허리 통증이 심하다면 시간을 짧게 하되 기본 5분
정도 유지하도록 합니다. 집에서 흔히 볼 수 있는 베개나 수건
을 돌돌 말아 허리 뒤에 받쳐 높낮이를 맞추어 강도를 조정해
도 좋습니다. 이 동작은 자극이 가장 강하며 통증 속에 이완하
는 훈련으로서, 임신부에게는 후굴된 자궁의 위치를 바로잡는
효과가 있습니다.

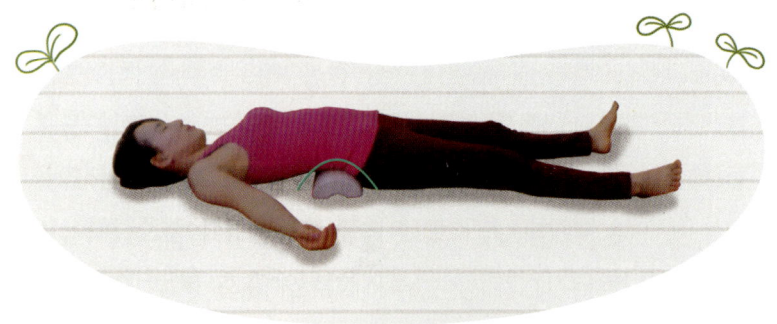

요침을 최대한 엉덩이에 붙이고 무릎을 벌리고 이완합니다.
골반과 고관절이 바로잡히고 유연해집니다.

　발로 요침을 굴려 발목 뒤에서 뒤꿈치까지 받칩니다. 이때 발목 밑의 요침에 몸의 모든 무게를 싣습니다. 발목 밑의 요침을 뺀 후 사바아사나(송장 자세)로 휴식을 취합니다.

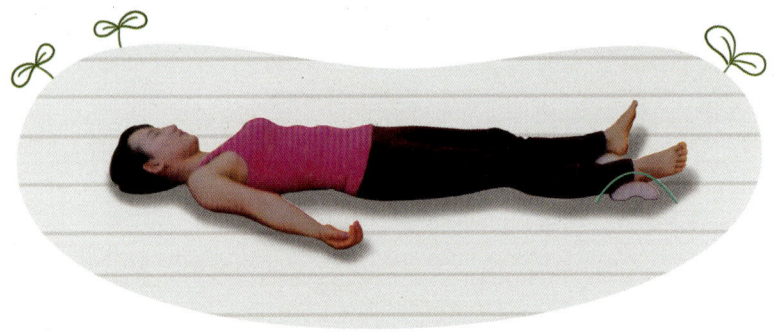

목부터 발끝까지 단계별 이완이 잘 된다면 매트나 베개를 세로로 놓고 한번에 이완할 수 있습니다. 매트를 돌돌 말고 3분의 2 되는 지점에 다른 매트를 넣습니다. 세로로 놓인 매트 끝에 앉은 후 척추를 매트 위에 가지런히 올려놓고, 두 다리는 발바닥이 마주보게 살짝 구부려 줍니다. 5분에서 15분 휴식한 다음 오른쪽으로 돌아 매트를 빼낸 후 사바아사나(송장 자세)로 휴식을 취합니다.

회음부 조이기로 분만을 쉽게 한다

질 주위 근육을 조였다 펴기를 반복하는 골반근육 강화운동
으로, 순산에 필수적인 동작입니다. 요실금 예방에 도움이 되
며, 출산 후에도 빠른 회복을 도와줍니다. 처음에는 질 주위
근육을 조이다가 익숙해지면 회음부 조이기 연습을 해 봅니다.
여성의 회음부는 질 입구에서 자궁 방향 안쪽으로 3~5센티미
터에 위치합니다. 요가에서 말하는 1번 차크라 생체 에너지와
연결되어 있습니다. 숨을 들이마시고 호흡을 멈춘 느낌으로
당긴 다음, 3초 이상 유지 후 숨을 내쉬면서 천천히 힘을 뺍니
다. 매일 같은 시간대에 규칙을 정해 100회씩 반복합니다. 예
를 들면, 소변 후 100회씩 연습합니다.

똑바로 누워 무릎을 세우고 손을 편안히 내려놓습니다. 항문 · 요도 · 질을 오므리는 기분으로 하복부에 힘을 주고, 1에서 5까지 세었다가 서서히 힘을 뺍니다. 하복부에 빠르게 힘을 주었다가 빼는 동작을 5회 반복 시행합니다.

태아와의 대화로 몸과 마음을 풍요롭게 한다

이완하는 연습은 마음으로 하는 태교를 더욱 쉽게 만들어 줍니다. 이제 본격적으로 태아와의 대화를 시도해 봅니다.

손가락 기법

손가락 기법은 일종의 관념운동인데, 의식적으로는 어떤 반응도 하지 않으려 안간힘을 쓰는데 나도 모르게 마음이 움직여 몸이 반응하는 상태를 말합니다. 사람이란 감정을 의식하기 전에 몸이 먼저 반응을 하게 됩니다. 예를 들어, 좋아하는 사람과의 약속이 있으면 자기도 모르게 입가에 미소를 띠게 됩니다. 무의식적으로 표현되는 감정의 반응들을 이야기하는데, 이 감정의 반응을 뛰어넘어 무의식 정보를 활용하는 도구로 이용할 수 있습니다. 손가락 기법은 최면기법에서 많이 사용되는 방법 중 하나로, 자신의 의지와 상관없이 또 다른 신체 반응을 느낌으로써 최면에 대한 신뢰감을 갖게 하는 목적으로 쓰이곤 합니다. 방대한 지식의 창고인 잠재의식과의 대화는 나와 그대로 연결된 태아의 잠재의식과의 대화를 가능하게 합니다.

몸에 힘을 빼고 손가락의 반응에 주의를 기울입니다.

"이제 손가락은 나의 잠재의식의 지배를 받습니다."

먼저 쉬운 질문부터 해 봅니다.

"내 이름은 …이야." 맞으면 검지를 움직이고 아니면 중지
를 움직여 보라 하고 손가락이 자동으로 움직이도록 놓아 둡
니다. 손가락이 정답을 맞히면 점차 어려운 문제를 냅니다. 무
의식의 대답을 들어 보는 것입니다. 손가락 기법을 익히면, 내
가 현재 가장 고민하는 것에 결정이 필요할 때 유용한 참고자
료가 됩니다.

예를 들면, "결혼과 동시에 임신을 하면 좋을까? 아니면 결
혼 후 1년간 신혼을 즐기다가 임신을 하는 게 좋을까? 결혼 후
바로 임신하는 게 좋으면 검지를 움직이고 1년 후가 좋은 것

같으면 중지를 움직여 줘" 같은 것이 있습니다.

잠시 멈춘 후 손가락의 반응에 주의를 기울입니다.

태아와의 대화 역시 손가락 기법을 이용할 수 있습니다. 태아에게 말을 걸어 봅니다. 먼저 혼잣말처럼 아이에게 인사를 건넵니다.

"안녕! (태명)아. 엄마야. 오늘 하루도 함께해 줘서 고마워. 자기 전 엄마에게 인사해 줄래?"

어떤 손가락이든 좋으니 움직여 보라고 합니다. 자신도 모르게 손가락이 움직이는 걸 확인할 수 있습니다.

"그래, 좋아, 좋아. 우리 아기 푹 잘 자고, 자는 동안 몸도 마음도 건강하게 크는 거야. 사랑해."

"(태명), 안녕! 오늘 하루 많이 힘들었지! 엄마가 이렇게 힘든데 우리 아기는 얼마나 힘들었겠니? 엄마는 그래도 (태명)이가 있어서 오늘 하루 잘 견딜 수 있었어. 그래, 엄마 힘내라고? 알았어. 우리 (태명)밖에 없다. 고마워. 잘 자. 사랑해."

"오늘 딸기도 먹고 싶고 오렌지도 먹고 싶은데, (태명)이는 뭘 먹고 싶니? 딸기면 검지, 오렌지면 중지를 움직여 줄래?"

잠시 동안 아기의 대답을 기다립니다.

"아, 우리 (태명)이는 딸기가 먹고 싶구나. 그럼 아빠한테 우리 (태명)이가 먹고 싶어 하니까 딸기 사오라고 해야겠다. 엄마 것은 오렌지 사오고."

굳이 반응을 살피지 않아도 좋습니다. 하루에 한 번이라도 아기에게 말을 건넵니다.

"고마워. 사랑해."
"엄마에게 와 줘서 고마워. 사랑해."
"오늘도 무사히 잘 보내 줘서 고마워. 사랑해."

혼자 손가락 기법을 익히기 어려운 임신부들은 아기에게 발차기로 대답해 보라고 합니다. 다만 발차기를 느끼려면 임신 중기가 되어야 가능합니다. 태아와의 대화는 간단한 것부터 시험해 봅니다.

"남자아이라면 한 번 차고 여자아이라면 두 번 차렴."

태아가 쉽게 대답할 수 있는 있는 것으로 연습해 봅니다.

"아가야, 대답으로 발을 차 주렴" 하면서 질문을 해 봅니다. 무엇을 좋아하는지? 어떤 엄마가 되어 주기를 원하는지?

아기와 시시때때로 대화하며 여유를 가지면 더할 수 없이 좋지만, 바쁠 때는 "고마워. 사랑해"라는 말 한마디라도 매일 해 줍니다. 태아와 대화할 때는 가능하면 문장을 단순화·명료화하여 대답하기 쉽도록 하며, 대화의 마무리는 "고마워! 사랑해!"로 습관화시킵니다.

긍정어를 계속 하다 보면, 말에도 에너지가 있어 아이에게 긍정적인 에너지가 전달됩니다.

이렇게 태아와의 대화가 이어지다 보면, 발차기를 하지 않아도 태아의 마음을 느낄 수 있고 확신을 갖게 됩니다. 가장 좋은 방법은 아기에게 진실되게 내 마음을 전하는 것입니다.

어떠한 반응도 기대하지 않고 내 마음 그대로 순수하게 믿으며, 아기도 내 마음을 알고 있을 거라는 믿음을 가지면 됩니다. 가장 좋은 대화는 마음의 소리에 귀를 기울여 그대로 믿어 주는 것입니다. 하지만 이러한 기법들은 그 믿음을 더욱 확고히 하는 데 도움이 되고, 태아와의 대화는 엄마와 아이의 관계를 긍정적으로 성립시켜 줍니다.

성공 서적이나 심리학 서적에는 모두 한결같이 긍정적인 언어를 사용하라고 나와 있습니다. 그럼에도 불구하고, 그런 권유를 잊어버리고 인식하지 못한 채 평상시 하는 말을 계속 쓰게 되는 경우가 많은 듯합니다.

속담 중에서도 말의 중요성을 뜻하는 명언으로는

'오는 말이 고와야 가는 말이 곱다.'
'말만 잘하면 천냥 빚도 가린다.'
'말 안 하면 귀신도 모른다.'
'아 다르고 어 다르다.'
'말이 씨가 된다.'

이 밖에도 '죽고 사는 것이 혀의 권세에 달렸나니'(잠언), '말은 파괴하거나 치유하는 힘을 갖는다. 진실하고 친절한 말은 세상을 변화시킬 수 있다'(붓다) 등이 있습니다.

나 또한 어린 시절 모아두고 읽었을 만큼 말이 중요하다는
데 대해 잘 알고 있었음에도 불구하고 잊고 지냈습니다. 그러
던 중 대학원 시절 NLP를 공부하며 말이 가진 힘이 인간의
내부에 얼마나 큰 영향을 미치는지 보다 정확하게 인식하게
되었고, 말을 할 때 내가 무슨 말을 하고 있나 생각하고 주의
를 기울이게 되었습니다.

NLP는 신경(Neuro) · 언어(Linguistic) · 프로그래밍(Programming)을 뜻하는 단어의 약자로, 두뇌와 행동의 소프트웨어를 업그레이드하는 기술을 알려 줍니다. NLP를 공부하며 말이 어떻게 마음에 영향력을 행사하여 내면에 표상을 만들어내는지 알게 되었습니다. 긍정적인 언어의 습관은 두뇌에 긍정적인 반응을 프로그래밍하고 긍정적인 행동 습관을 만들어냅니다.

'친절한 말은 짧고 하기도 쉽지만 그 메아리는 오래 간다'는 마더 테레사의 말처럼 말이 마음에 행사하는 영향력은 어마어마하며, 마음의 힘을 키우기 위해서는 긍정적인 말로 자신에게 최면을 거는 노력이 필요합니다.

자주 하면 좋은 말

1. 상대의 걷잡을 수 없는 화를 가라앉히는 말 - 미안해
2. 겸손한 인격의 탑을 쌓는 말 - 고마워
3. 상대의 어깨를 으쓱하게 하는 말 - 잘했어
4. 화해와 평화를 부르는 말 - 내가 잘못했어
5. 존재감을 쑥쑥 키워 주는 말 - 당신이 최고야

6. 상대의 기분을 '업'시키는 말 - 오늘 아주 멋져 보여
7. 더 나은 결과를 이끌어내는 말 - 네 생각은 어때?
8. 든든한 위로의 말 - 내가 뭐 도울 일 없어?
9. 상대의 자신감을 하늘로 치솟게 하는 말
   - 어떻게 그런 생각을 다 했어?
10. 열정을 샘솟게 하는 말 - 나이는 숫자에 불과해

11. 상대의 능력을 200% 이끌어내는 말 - 당신을 믿어
12. 점처럼 작아지는 용기를 크게 키우는 말 - 넌 할 수 있어
13. 부적보다 큰 힘이 되는 말 - 널 위해 기도할게

마음의 습관을 긍정적으로 바꾸는 연습을 한다

마음을 쓰는 방법도 연습이 필요합니다. 냉장고에 넣어 둔 감자에 싹이 돋았을 때, 마음이 부정적인 시각으로 프로그래밍되어 있는 사람은 감자에 퍼진 독을 먼저 바라보고 빨리 먹지 못한 자신을 탓하거나, 감자가 싱싱하지 않았음을 탓하거나 하면서 한숨을 쉽니다. 하지만 긍정적으로 프로그래밍되어 있는 사람은 열악한 환경에서 싹을 틔운 것에 신기해하며 감자를 키워 볼까 생각도 합니다(실제로 감자나 고구마는 싹이 올라오면 유리컵에서도 잘 자라고, 멋진 인테리어 소품이 될 수 있습니다.). 그리고 키우지 못하게 된 감자에게 미안한 마음을 갖고 좀 더 생명을 소중히 여기게 됩니다.

이와 같이 긍정적인 시각을 가진 사람은 똑같은 일에 마음을 예쁘게 쓰고 현명하게 반응하여 긍정적인 에너지가 되돌아오게 합니다. 마찬가지로 임신 역시 긍정적으로 바라보면 새 생명을 탄생시키는 숭고한 과정이지만, 부정적으로 바라보면 임신부의 희생과 고통이 수반됩니다. 어느 쪽에 시각을 두고 어떻게 마음을 쓰느냐에 따라 임신기간이 즐거울 수도 고통스러울 수도 있습니다. 긍정적인 면을 바라볼 수 있는 시각을 갖고 그것을 확대시켜 가면 부정적인 면은 아무런 문제가 되지 않습니다. 마음은 생각을 낳고 생각은 행동을 낳고 행동은 운명을 만드는 습관이 된다고 합니다. 나의 마음의 습관이 부정적인 방향으로 흐르고 있지는 않은지 살펴보고 긍정적인 방향으로 바꾸어 주는 연습을 합니다.

　상황 : 아침 출근길, 마침 알람시계가 고장 나서 늦잠을 자는 바람에 지각을 하게 되었습니다.

　#부정적인 반응 : 긴장은 스트레스로…
　마음이 조급해지고, 주변사람들을 원망하거나 자책에 빠집니다. 내가 부정적인 감정으로 출근할 때 벌어질 만한 일을 생각해 봅니다. 급하게 뛰어가다가 넘어질 수도 있고, 난폭하게 운전을 하다 보면 사고가 날 확률이 높아집니다. 동료의 인사에도 건성으로 대답할 수 있고, 중요한 문서를 집에 두고 나올 수도 있습니다. 뱃속 아기는 엄마의 긴장감을 그대로 느끼고 스트레스를 받게 됩니다.

　#긍정적인 반응 : 위기를 기회로…
　오늘은 알람시계가 고장이 난 덕분에 뱃속 아기랑 나랑 푹 쉬었네. 감정에는 큰 변화가 일어나지 않으며, 어떻게 대처할지 판단을 먼저 하게 됩니다. 회사에 전화를 걸어 조금 늦겠다고 이야기한 다음 빨리 갈 수 있는 방법을 찾아봅니다. 회사에 도착해서 반갑게 인사하며 동료들에게 모닝커피를 한 잔씩 돌리고, "오늘 늦어서 미안해!" 하며 임신 때문에 몸이 무거워져서인지 잠이 많이 온다는 이야기를 하고 양해를 부탁합니다. 엄마가 그런 태도를 보이면 태아도 평정심을 잃지 않습니다.

이 기회에 동료들에게 임신 사실을 알리거나 배려를 부탁할 수도 있습니다.

　위의 예처럼 어떤 사건이든 그 자체를 바꿀 수는 없지만, 내가 어떻게 반응할지 선택이 가능하고 그 선택에 따라 결과가 달라지게 됩니다. 하지만 평상시 항상성(恒常性)이 없다면 긍정적인 시각으로 사물을 바라보고 생각하기가 쉽지 않을 것입니다. 이러한 현명한 선택을 하기 위해서는 마음의 항상성을 키우는 노력이 필요합니다. 똑같은 일이 일어나더라도 건강할 때의 반응과 건강하지 못할 때의 반응은 다르기 때문입니다.

아침에 평소보다 알람시계를 몇 분 더 일찍 맞춰 놓고, 침대에서 이리저리 몸을 움직이며 기지개를 펴 줍니다. 몸이 가벼워진 상태에서 좋아하는 음악을 들으며 신선한 야채수프를 마십니다. 가족끼리 서로 얼굴을 마주보며 식사를 하고 대화를 합니다. 오늘도 힘내라는 긍정적인 언어를 주고받고, 서로 껴안아 주고, 아이들의 뽀뽀를 받으며 출근길에 나섭니다. 오늘 하루가 어떨까요? 출근길 부주의로 접촉사고가 나더라도 그 사건으로 인해 하루를 엉망으로 보내진 않을 것입니다. 쉽게 안 좋은 감정을 털어내고 회사로 가서 일에 집중할 수 있을 것입니다.

이와는 반대로, 알람시계 울리는 소리에 놀라 침대에서 벌떡 일어나 TV를 켜고 뉴스를 봅니다. 아침식사를 하며 모두 TV를 보느라 서로 대화를 하지 않습니다. 뉴스에 어제 패륜범죄가 일어났고, 일본이 또 망언을 했으며, 세계적인 이상기온으로 동남아에 눈이 내려 많은 사람들이 추위에 고통받았다고 합니다. 어떤 연예인이 상습도박을 했으며, 아이돌 그룹 여자 연예인과 대스타인 남자배우가 비밀리에 연애를 하고 있다고 합니다. 뉴스를 보고 아이들은 카톡으로 친구에게 문자를 날립니다. '그 연예인 그럴 줄 알았어. 어쩐지 요즘 갑자기 뜨는 것 같더라구. 남자친구가 밀어 줬나 봐.' 자신과 상관없는 연예인에 대해 상당히 진지하게 이야기하며 입에 담지 못할 욕을 주고받기도 합니다. 사실 잘 알지도 못하는 대상을 공격하는 것입니다. 아빠는 패륜 범죄를 거론하며 세상이 많이 변했다고 한탄합니다. 부정적인 생각으로 가득 차, 하지 않아도 될 걱정으로 무거운 발걸음을 옮기며 출근을 합니다. 출근길에 접촉사고가 난다면? 아마도 부정적인 감정이 더 앞서고 흥분하기 쉬울 것입니다. 사고를 내서 짜증이 나는데다가, 앞차 운전자는 병원에 입원하겠다고 억지를 부립니다. 이미 일어난 사고이니 적절하게 대응하고 감정을 털어내야 하는데, 하루 종일 그 생각으로 회사의 일은 엉망이 되고 불쾌한 감정으로 앞차의 운전자를 원망합니다.

'그 정도면 그냥 가도 될 텐데. 망할 놈! 요즘 사람들은 정말 양심이 없어.' 그리고 다짐합니다. '나도 똑같이 대해 주리라. 누가 와서 내 차를 박기만 해 봐. 그냥 입원해서 누워 버릴 거야.' 이런 부정적인 에너지는 자신에게서 끝나는 것이 아니라 사회로 확대됩니다.

나는 아침에 일어나면 음악을 틀고, 물고기와 토끼의 밥을 먼저 주고 가족의 식사를 준비합니다. 그리고 가능하면 아침 식사를 할 때만큼은 아이들과 대화하려고 노력합니다. 가끔은 아이들이 밥을 잘 먹지 않으려 할 때 화를 내기도 하고 아이들과 싸우기도 하지만, 적어도 나와 상관없는 사람, 내가 잘 알지 못하는 사람에 대해 말하거나 비방하지는 않습니다. 아침의 중요성을 너무나 잘 알기에 가능하면 기분 좋은 아침시간이 되도록 노력하고 있습니다.

마음의 항상성을 높이기 위해서는 부정적인 것들을 통제하려는 노력이 필요합니다. 나는 먼저 TV를 없애고 그 자리에 책을 두었습니다. 정보의 홍수시대에 사는 만큼 꼭 필요한 정보는 인터넷 검색이나 스마트폰을 이용하면 실시간으로 알 수 있습니다. 좋은 프로그램은 따로 다운받아 볼 수 있는 세상입니다. 가득 찬 쓰레기통은 비우면서 왜 자신의 머릿속에 들어 있는 쓰레기들은 비우지 않는 걸까요? 버리지 않는다면 마음도 가득 찬 머리만큼이나 분산되고 분주할 것입니다.

적극적으로 대처하는 좋은 방법은 긍정적인 것들로 주변을 채우는 것입니다. 나를 지지하고 격려해 주는 사람을 가까이 하고 나의 장점을 알아주는 사람과 함께하는 노력은 마음의 힘을 얻는 데 많은 도움이 될 것입니다. 내 경우는 마음이 정화되는 시와 영혼에 안식을 주는 종교를 가까이하고 성경과 경전의 주옥같은 글을 묵상하는 노력이 마음의 항상성을 유지시키는 데 도움이 됩니다. 이러한 노력은 마음의 밑바탕에 양식이 되어, 비 온 뒤의 땅처럼 단단한 마음으로 살아가면서 있을 수 있는 외부적인 충격을 완화시켜 주는 듯합니다. 현대인들에게는 몸을 건강하게 하기 위한 노력도 중요하지만, 그 이상으로 마음의 건강을 유지하기 위한 노력이 더 필요한 것 같습니다. 마음이 건강해야 위기상황에 올바른 선택을 할 수 있게 되고, 그 선택들은 곧 내 삶이 되기 때문입니다.

감사의 마음으로 음식을 섭취한다

인도의 전통의학 아유르베다의 기초를 이루는 고대 경전 『바그바드기타』나 『우파니샤드』의 내용을 보면, 음식은 건강에 좋은 것이어야 하고, 맛이 좋고 몸에 유익해야 하며, 단순히 감각을 만족시키기 위해 먹어서는 안 됨을 이야기하고 있습니다.

또한 음식을 크게 세 종류로 나누는데, 첫 번째로 사트빅

(sattvic)한 음식은 수명과 건강과 행복을 증진시키며, 사람의 성품에도 영향을 미쳐 온화하고 정신을 맑게 한다고 합니다. 사트빅한 음식은 현대인들이 말하는 웰빙식 · 자연식과 같습니다. 두 번째 라자식(rajasic)한 음식은 흥분을 낳는다고 하는데, 주로 조리된 가공식품과 청량음료 등이 해당된다고 할 수 있습니다. 세 번째 타마식(tamasic)한 음식은 질병을 일으키며, 의식을 둔하게 하고 영적 진보를 방해한다고 했습니다. 이러한 음식의 대표로는 직화된 육식, 맛으로는 아주 맵고 짠, 자극적인 음식을 말합니다. 고대로부터 인간이 먹는 음식이 정신의 기능에 영향을 미친다고 생각해 왔습니다. 고대인들이 생각했던 이러한 내용들은 실제로 많은 연구 자료에서 사실임을 입증하고 있는데, 청량음료 소비율과 청소년의 행동장애 증가율, 각종 암 증가와 비만에 따른 여러 질환의 유발이 깊은 상관관계가 있습니다.

음식을 먹는 방법은 트렌드를 따라 하루 세 끼, 혹은 하루 한 끼를 권장하기도 합니다. 한때는 3 · 3 · 3법칙으로, 매 세 끼를 같은 시간에 30분간 꼭꼭 씹어서 먹고, 3분 이내에 양치질을 하라고 했습니다. 저염식 · 컬러푸드 · 블랙푸드 · 유기농 식단은 웰빙식으로 자리를 잡았습니다.

경전에서도 침이 흐리지 않을 때는 먹지 말라고 했는데, 그것은 음식을 필요로 하지 않는 상태를 뜻합니다. 인위적인 배고픔과 목마름을 자제하며, 위장을 채움에 있어 4분의 1을 숨이 자유롭게 드나들 수 있도록 비워 두라고 했습니다. 또한 감정이 안정되지 못한 상태에서는 먹지 말며, 식사를 하는 동안 대화를 하고, 현명하게 먹으며, 먹는 동안 고결한 마음 상태가 유지된다면 독이 든 음식이 아닌 이상 모든 것이 사트빅한 것이 된다고 했습니다. 수십 세기 전 쓰여진 경전의 내용을 현대적으로 해석하면 최근의 의사들이 권하는 바른 식생활과 일치하며, 어떤 면에서는 더 세밀한 부분을 발견할 수 있습니다.

바른 식생활의 중요성은 고대부터 현대에 이르기까지 누구나 다 아는 내용임에도 불구하고, 바쁘게 살아가다 보면 실천하기가 쉽지 않습니다. 좋은 음식은 분명 몸과 마음에 도움을 주는 것이 사실이지만, 바쁜 현대를 살아가면서 조미료가 첨가된 음식이나 인스턴트 식품을 접하지 않을 수는 없습니다. 마찬가지로 경전에서도 좋은 음식만 섭취하는 것보다 어떤 마음의 상태로 음식을 섭취하느냐가 더 중요함을 강조합니다. 아무리 사트빅한 야채 음식일지라도, 마음이 혼란스럽고 증오로 가득 차 있는 사람이 섭취하면 그것은 라자식하고 타마식한 상태로 남게 된다고 했습니다. 그 반대로 고결한 성품의 소유자는 음식의 종류나 음식을 준 사람에 의해 영향을 받지 않는다고 했습니다. 무엇보다 중요한 것은 음식을 먹는 사람의 마음 상태임을 강조합니다.

여유를 갖고 감사의 마음으로 먹는 일은 3·3·3법칙보다 어렵지 않으며 마음만 바꾸면 실천하기 쉽습니다. 어떤 음식이든 감사의 마음으로 먹는 연습을 합니다. 아침에 사과를 먹을 때 그 모양을 보고 향도 맡으며, 얼마나 많은 사람들의 손을 거쳐 나에게 왔을지 생각해 봅니다. 한 입 베어 입에 침이 가득 고이도록 씹어 봅니다. 감사의 마음으로 먹는다면, 유기농 사과가 아니더라도 껍질에 남아 있을 잔류농약은 아무런 문제가 되지 않습니다.

내가 평상시 좋아하는 배우 공효진 씨가 쓴 『공책』이라는 환경책을 보면 음식물 쓰레기를 줄이기 위한 방법으로 과일을 통째로 먹고, 설거지할 때 음식물을 먼저 쓰레기 봉투에 담아야 세제가 남지 않아 재활용이 가능하다고 합니다. 공효진 씨처럼 날씬하고 싶다면 음식물 쓰레기를 줄이기 위한 노력을 하고, 음식을 배고픈 사람과 나눈다면 그 사람의 마음은 사랑으로 가득 차 적은 양을 먹더라도 더 좋은 영양분이 될 것이라 생각됩니다.

임신부 또한 이 음식이 나와 태아에게 좋은 영양분이 될 것이라 믿으며 감사의 마음으로 섭취한다면, 영양분은 사트빅한 상태가 되어서 아이의 성품을 곱고 온화하게 만들어 줄 것입니다.

감사 기도

공응경

이 음식을 주시니 감사합니다.

농부들의 땀과 노력

땅과 하늘, 햇빛과 물

이 음식이 상에 오르기까지 수고한 사람들의 은혜,

이 음식을 함께하는 사람들의 따뜻한 사랑

먹을 수 있는 입을 주신 것에 감사합니다.

수저를 들 수 있는 팔을 주신 것에 감사합니다.

값을 매길 수 없는 모든 것에 감사합니다.

당신께서 허락해 주신 모든 것들에 감사합니다.

당신의 은혜에 대하여 결코 잊지 않는 제가 되게 하소서.

02

임신시기별 태교로
몸과 마음을 즐겁게 한다

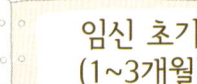

**임신 초기
(1~3개월)**

산모 입덧이 시작되고, 유방이 아프고 부풀기 시작합니다. 쉽게 피로하고, 두통과 우울증에 걸리기 쉬우므로 스트레스를 피하고 충분히 쉬도록 하며, 약물 섭취에 주의합니다.

태아 태아의 오장육부와 주요기관이 형성되는 중요한 시기입니다. 이목구비가 갖추어지며, 차츰 성기가 발달합니다.

태명이란 임신한 엄마가 아기가 태어나기 전까지 뱃속에 있는 동안 임시로 붙여 주는 이름을 말하며, '배냇이름'이라고도 합니다. 태아와 대화를 보다 원활하게 하기 위해서는 그냥 '아기야'나 '아가야'보다는 부부만의 의미가 깃든 태명을 불러 주는 것이 아이를 보다 독립적 객체로 인식하게 합니다. 부르기 쉽고 긍정적인 뜻을 내포한 이름이면 됩니다. 부부가 태명을 고르고 상의하는 과정 또한 특별한 추억이 될 것입니다.

추천 태명

• 많이 사용하는 태명

복덩이 / 사랑이 / 튼튼이 / 밤톨이 / 행운이 / 소망이
세상이 / 아름이 / 똘똘이 / 총명이 / 금동이 / 건강이
로또 / 보물 / 꿈이 / 호연 / 희망 / 태양 / 믿음 / 축복
행복이 / 장군이 / 콩이 / 푸른 / 별이 / 우주 / 대박
꼬맹이 / 힘찬이

• 말뜻 그대로 사용한 태명

기쁨 / 보람 / 누리 / 마음 / 도움 / 거울 / 겨레 / 사랑
새롬 / 따사롬 / 슬기 / 우렁찬 / 빛나라 / 보드레
고요해 / 푸르내 / 이른봄 / 하늘 / 새움 / 봄내음
마당 / 별 / 보미

• 명사 · 동사 등의 말을 합쳐서 사용한 태명

해빛나 / 꿈찬 / 빛들 / 해든 / 다영글 / 가시리 / 꽃길로
바다보다 / 다하나로 / 시내랑 / 모두다솜 / 뜰에봄

• 말을 줄여서 사용한 태명

예섬(여기에 서 있음) / 미루안(무슨 일이든지 미루어 안다)

새하(새하얗다) / 다슬(슬기를 다해) / 해아(해 같은 아이)

스라(슬기로운 아이) / 아름아리(아름답고 아리땁다)

즐바센(즐겁고 바쁘고 세차게 / 찬찬(찬찬하다)

푸르마(늘 푸르고 깨끗한 마음으로 살아라)

예보들(예쁘고 보드라운 마음을 지녀라)

도담(어린아이가 별 탈 없이 잘 자라는 모양을 나타내는
      '도담도담'에서 따온 이름)

• 순우리말을 사용한 태명

가온(세상의 중심이 되라) / 누리(세상) / 새솔(푸르게 살라)

차오름(박차고 나오는 기상) / 으뜸(세상에서 최고란 뜻)

주리(주변에 즐거움과 기쁨을 주는 사람)

로다(기다리던 아이가 바로 너로다)

별아(별처럼 빛나는 아이가 되라)

티나(어디서나 고운 티가 나타나)

보담(더 나은 삶을 살라는 뜻)

찬슬(슬기로움으로 가득 찬)

키클(키와 마음이 클 사람)

　임신 초기에는 복잡한 아사나를 하지 않도록 합니다. 평상시 어떤 수련이나 운동을 하지 않았다면, 편안히 앉아 자신의 호흡으로 먼저 호흡 인식하기부터 진행합니다. 먼저 허리를 바르게 세우고 앉아 다리도 편하게 내려놓거나 엇갈려도 좋습니다. 손의 모양도 형식에 구애받지 않고 편안히 무릎 위에 올려도 좋고 양손을 복부에 내려놓아도 좋습니다. 어떠한 모양도 좋지만, 자세는 바르게 해야 합니다. 어깨와 무릎의 선이 평행한지 스스로 확인해 봅니다. 바르게 앉아 내 호흡이 편안해지면 복식호흡을 연습해 봅니다. 아랫배를 의식하고 3초 내쉬고 마시고를 반복합니다. 마실 때는 편안히 마시고 내쉬는 호흡에는 복부를 의식적으로 살짝 끌어당깁니다.

　태아가 잘 자리잡을 수 있도록 최대한 피로하지 않도록 하며 한 자세를 오래 취하지 않도록 합니다. 편안한 호흡으로 산소가 태아에게 잘 공급되도록 평상심을 유지합니다.

반가부좌(Ardhaparyanka)

좌법의 기본 형태로서 결가부좌가 어려운 초심자가 하기 좋습니다. 앉은 자세에서 한쪽 발뒤꿈치를 회음부에 붙입니다. 다른쪽 발을 반대편 허벅지 위로 올립니다. 무의식적으로 다리를 접은 후 다시 다리 모양을 반대로 옮겨놓습니다. 임신부의 경우, 습관된 것과 반대로 다리 위치를 바꿔 골반이 뒤틀리지 않도록 해 줍니다. 몸을 곧게 펴고 어깨의 긴장을 푼 다음 턱을 약간 내립니다. 목의 앞부분만 살짝 힘을 주어 당깁니다.

앉은 전굴 자세(Paschimottanasana)

앉은 전굴 자세는 산스크리트어로 '서쪽으로 강하게 뻗은'이란 뜻입니다. 앉아서 다리를 뻗은 후 숨을 들이마시면서 허리를 곧게 세우고, 팔을 위로 뻗은 후 숨을 내쉬면서 상체를 천천히 숙입니다. 숨을 내쉬면서 아랫배부터 무릎에 닿는다는 느낌으로 상체를 천천히 숙입니다. 손이 발끝에 안 닿으면 다리 옆에 손끝을 평행하게 둡니다. 임신부는 허리를 펴기에 집중하기보다 무릎 뒤 오금을 펴는 데 의식을 두고, 최대한 목과 어깨, 허리에 긴장이 실리지 않도록 합니다.

과하지 않도록 동작을 하며 배가 너무 눌리지 않도록 가벼운 마음으로 45도 정도만 허리를 숙입니다. 여유가 되면 두 다리를 벌리고 상체를 숙이는 박쥐 자세나 나비 자세를 취할 수 있으나, 어디까지나 다리와 골반의 피로를 풀어 주는 정도, 시원한 느낌에서 실시합니다.

임신 초기 요가 아사나(30분 소요)

❶ 다리 풀기

❷ 허리 풀기

❸ 어깨 풀기

요가 아사나 실시 전에는 과식을 피하도록 합니다. 깨끗한 환경에서 실시하며, 모든 동작을 3회 15초 정도 유지, 반복합니다.

❹ 손목 풀기

❺ 목풀기

❻ 앉은 전굴 자세

❼ 반가부좌

시인이 된다

　임신을 하면 감수성이 예민해지고 오감이 극히 발달하게 됩니다. 아마도 아기를 보호하기 위해 후각·미각 등이 더 민감해지는 것이 아닌가 생각됩니다. 임신부는 민감해진 오감으로 불편감을 느끼게 되는데, 내 경우에는 후각이 예민해져서 버스를 타고 갈 때 옆에 누가 앉으면 불쾌한 냄새 때문에 대중교통을 이용하기 어려웠던 기억이 있습니다. 무더운 여름날 그날도 냄새로 인한 불쾌감을 느끼며 지하철을 기다리고 있었습니다. 그러던 중 우연히 스크린 도어에 적힌 시가 눈에 띄었습니다. 들꽃을 묘사한 한 편의 시는 산골짜기에 아름답게 피어난 꽃을 상상하게 했고, 마치 꽃향기가 지하철 안을 가득 채우는 것 같았습니다. 짧지만 자연의 아름다움을 노래하는 한 편의 시는 예민해져 있는 마음을 정화시켜 주었습니다.

　한번은 산후에 아이에게 젖을 물리느라 허리며 목이며 젖꼭지며 너무 아파 한숨을 쉬다가 무심코 산후조리원 벽에 붙어 있는 시를 읽게 되었습니다. 「만일 내가 다시 아이를 키운다면」이라는 다이애나 루먼스의 시였는데 '만일 내가 다시 아이를 키운다면 먼저 아이의 자존심을 세워 주고 집은 나중에 세우리라. 아이와 함께 손가락 그림을 더 많이 그리고 손가락으로 명령하는 일은 덜하리라…' 읽어 가던 중 '시계에서 눈을 떼고 눈으로 아이를 더 많이 바라보리라'라는 문구에 심장이 멈추듯 마음이 멈추었습니다. 내가 아이를 바라보기보다는 많이 먹이려는 욕심으로 가득 차서 시계만 바라보고 있었음을 깨닫게 된 것입니다. 아이에게 젖을 물릴 수 있는 생애 단 한 번의 순간을 놓치고 있었음을 알아차리게 되었습니다. 아이의 눈을 바라보며 사랑의 마음을 전하는 데 집중하자 젖먹이는 과정이 힘들지 않게 느껴졌습니다.

한때 문학소녀를 꿈꾸었던 사람들이 많을 것입니다. 소녀시절 좋아했던 때문은 시집을 다시 꺼내 보아도 좋겠습니다. 시에는 시인의 마음이 그대로 드러나 있으며, 함축된 언어를 통해 읽는 이에게 서로 다른 깨달음을 주며 자신의 마음을 들여다보게 하는 효과가 있습니다. 나 또한 시를 통해 가장 민감한 임신 초기를 잘 보낼 수 있었고, 자신의 깊은 내면을 성찰하는 기회를 얻고 마음을 자유롭게 표현할 수 있는 통로가 된다는 사실을 알게 되었습니다.

시를 가까이하는 것만으로도 힘든 임신기간에 많은 위로가 되었습니다. 또한 감수성이 예민해진 만큼 임신부는 가장 훌륭한 시인이 될 수 있습니다. 임신 초기에 아기집이 확인되면 병원에서 아기수첩을 받게 됩니다. 소중한 아기 사진을 아기수첩에 붙이기보다는, 태어날 아기를 위해 예쁜 노트나 앨범을 하나 마련하여 사진을 붙이고 시를 적어 보면 좋을 것입니다. 초음파 사진상 아기는 1센티미터 정도로 너무도 작지만, 이미 모든 것을 느끼고 엄마의 마음을 알고 있습니다. 우리 아기가 와 줘서 고맙다는 마음을 글로 표현해 봅니다. 좋아하는 잡지책에서 마음에 드는 사진이나 함께 가고 싶은 여행지 등을 오려붙이는 콜라주 형식도 좋고, 편지글도 좋습니다.

낙서를 쓰듯이 3분 내에 생각나는 대로 적는 연습부터 시작합니다. 내가 적은 시는 이 세상 하나뿐인 아이를 위한 시가 될 것입니다. 잘 쓰려는 생각만 버리면 됩니다. 마음을 표현하는 것만으로도 나 자신을 치유하는 마음의 영양제를 얻게 됩니다. 내가 3분 내에 생각나는 대로 적은 시를 보면 자신감을 가질 수 있을 것입니다.

태양아

공응경

태양아 태양아 태양아 태양아

태양아 태양아 태양아 태양아

불러 보고 또 불러도 또 부르고 싶은 태양아

태명처럼 밝은 빛이 가득한 아이가 되어 주렴.

지금처럼 엄마에게 밝은 빛이 되어 주렴.

많은 이에게 빛처럼 밝은 사람이 되어 주렴.

엄마에게 와 줘서 고마워, 태양아.

고마워, 사랑해.

찬미와 감사

공융경

저에게 입덧의 고통을 주심에 찬미합니다.

저에게 손발 저림의 고통을 주심에 찬미합니다.

저에게 허리의 고통을 주심에 찬미합니다.

저에게 가슴의 고통을 주심에 찬미합니다.

저에게 잠 못 이루는 고통을 주심에 찬미합니다.

저에게 출산의 고통을 주심에 찬미합니다.

고통 속에 행복이 있음에 찬미합니다.

이 모든 고통을 주심을 감사합니다.

이 모든 과정이 새 생명을 잉태키 위한 오묘한 진리임에
감사합니다.

2007년 8월 무더위에

공응경

오늘은 너무 더워서 500밀리리터 생수를 세 병이나 마셨어.
그래서인지 오늘은 배가 더 많이 부른 것 같아.
요즘 너무 많이 움직이고 운전도 오래 해서
엄마는 우리 태양이가 괜찮은지 걱정이 되었어.
그런데 오늘 초음파에서 너는 엄지손가락을 빨며
엄마를 향해 활짝 웃고 있더구나.
엄마에게
"엄마, 아무 걱정 마세요. 저는 건강히 잘 자랄 거예요"
라고 말해 주더구나.
엄마를 안심시켜 주는 기특한 우리 태양이
오늘은 마음 편히 푹 잘 수 있을 것 같아.
힘들지만 조금만 더 엄마랑 열심히 일하자.
우리 힘내자. 태양아, 고마워. 그리고 사랑해!

우린 할 수 있어

공응경

몇천억의 경쟁을 뚫고 내 안에 와 준 아기야
너는 정말 용감하구나.
이제 밖으로 나올 때야.
불평하지 말자.
우리 당당히 앞으로 나가자.
그리고 우리 건강하게 만나는 거야.
우린 할 수 있어.

임신 초기에는 먼 거리 여행을 피하도록 합니다. 집 근처 공원을 찾아 가벼운 산책부터 시작합니다. 날씨 좋은 날 나른한 오후, 따뜻한 햇살을 받으며 걸으면 행복 호르몬인 세로토닌이 분비되고 비타민 D의 흡수도 돕습니다. 나무에서는 피톤치드ㆍ음이온 등 몸을 해독시켜 주는 좋은 물질들이 나오고 좋은 공기를 마실 수 있으니, 일석이조의 효과가 있습니다. 그저 즐거운 마음으로 나무도 보고 꽃도 보고 하늘에 떠다니는 구름도 보며 마음을 풍성하게 만들도록 합니다.

나무에 안기기

마음에 드는 나무를 하나 찾습니다. 두 손으로 나무를 어루만져 봅니다. 가까이 가서 나무를 껴안는 게 아니라 나무에 안겨 봅니다. 나무의 향기를 맡아 봅니다. 나무가 내뿜는 산소를 마음껏 마셔 봅니다. 나와 나무가 하나가 됩니다.

천천히 걷기

발바닥에 의식을 두고 뒤꿈치부터 천천히 내려놓습니다. 오른발 내려놓고 왼발 내려놓고 마음으로 오른발, 왼발 하면서 온전히 발바닥에 의식을 두고 천천히 발을 내딛다 보면, 지금 내가 여기 있음을 알게 됩니다.

산책부터 시작하여 가까운 정원에 가 봅니다. 일찍이 아리스토텔레스는 정원을 통해서 학문을 익혔다고 합니다. 아름다운 정원에서 시간을 보내는 것은 뇌기능을 정상화시키고 깨달음을 주는 일입니다. 정원의 개수만큼 사회문제가 줄어든다는 연구 결과가 있을 정도입니다. 나도 기회가 된다면 집 앞 정원을 가꾸며 마음노 가꾸어 보고 싶습니다. 예전에 힐링센터 개발로 정원에 대한 연구를 한 적이 있는데, 우리나라의 정원은 일본이나 유럽에 비해 자연스러운 멋을 그대로 간직한 것이

특징이었습니다. 그래서 나는 화려한 일본식이나 중국식 정원보다 모난 듯하지만 그 자리에 있어야 빛나는 나무와 돌들, 아기자기하지는 않지만 투박한 멋을 지닌 한국의 정원을 더 좋아합니다.

임신 초기가 지나 중기로 접어들어 안정기가 되면 조금 멀리 산이나 들로 여행을 떠납니다. 산이나 들에 누가 돌보지 않아도 스스로 자라난 꽃을 야생화라고 합니다. 우리말로 '들꽃'이라 불리는 야생화는 대부분 작고 길가에 숨어 있어 발견하기가 어렵지만, 자세히 보면 은은한 향기와 매력이 뿜어져 나옵니다. 산책을 하다 이름 모를 들꽃을 발견했을 때의 기쁨은 이루 말할 수 없습니다. 들꽃을 볼 때마다 나는 그 자연스런 멋이 임신부의 모습과 같다는 생각을 합니다. 한 생명을 잉태한 채 꾸미지 않아도 자연스럽게 드러나는 아름다움을 지닌 그 모습이 사랑스러워 들꽃과 같이 느껴집니다.

야생화 중에는 '애기'라는 이름을 가진 귀여운 꽃들이 많이 있습니다. 야생화를 감상하면서 앞으로 태어날 아기의 얼굴을 떠올려 보십시오. 자주 그렇게 상상하다 보면 곧 꽃보다 예쁜 아기가 태어날 것입니다.

마음에 드는 꽃 가까이 가서 발걸음을 멈추고 가만히 바라봅니다. 조용히 꽃의 이야기를 들으며 명상에 잠겨 봅니다.

작지만 강한 생명력을 가진 들꽃

애기괭이

애기나리

애기노루

애기노루귀

애기똥풀

애기앉은부채

금강애기

애기풀

뚜껑별꽃

벌노랑이꽃

새우꽃

애기에게 가는 길

공응경

그곳에 가야만 만날 수 있는 애기야
첫 번째 발을 내딛는 마음이 조심스럽구나.
딱딱한 땅을 박차고 나온 애기야
두 번째 발을 내딛는 마음이 자랑스럽구나.
모진 비바람을 이겨낸 애기야
세 번째 발을 내딛는 마음이 숭고하구나.
변치 않고 항상 그 자리에서 기다려 주는 애기야
네 번째 발을 내딛는 마음이 진실하구나.
작고 연약하지만 무엇보다 강한 애기야
다섯 번째 발을 내딛는 마음이 감사하구나.
척박한 땅을 밝혀 주는 애기야
여섯 번째 발을 내딛는 마음이 기쁘구나.
오랫동안 기다려야 만날 수 있는 애기야
일곱 번째 발을 내딛는 마음이 설레는구나.
자연 그대로의 모습으로 피어나는 애기야
여덟 번째 발을 내딛는 마음이 아름답구나.
붉은 잎에 숨어 살짝 모습을 드러낸 애기야
아홉 번째 발을 내딛는 마음이 황홀하구나.
기적을 선물해 주는 소중한 애기야
열 번째 발을 내딛을 때
이미 넌 나에게 모든 행복을 주었구나.

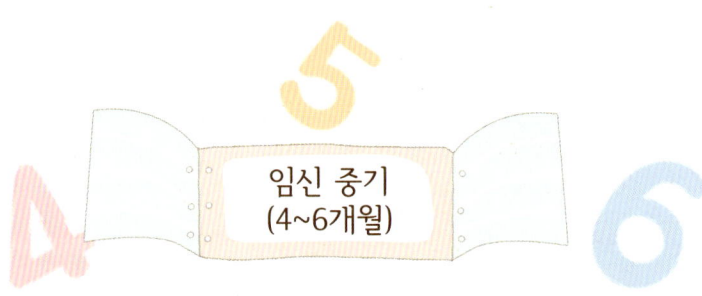

**임신 중기
(4~6개월)**

산모

입덧이 가라앉아 식욕이 좋아지고 대체로 안정된 시기입니다. 아이가 성장하면서 태동이 느껴지고, 요통이 생기고 종아리와 발에 경련이 올 수 있습니다. 충분히 쉬면서 건강한 음식을 섭취하고, 운동을 통해 임신성 당뇨와 비만에 주의합니다.

태아

초음파를 통해 성별을 구별할 수 있으며, 미세한 솜털로 싸여 있던 머리카락·눈썹 등이 자라고 활발한 근육으로 손가락을 움직입니다. 감각기관·신경계의 발달이 두드러집니다.

명상요가로 몸과 마음을 가볍게 한다

나비 자세(Baddha Konasana)

나비 자세는 다리와 골반을 열어 나비의 날개처럼 펴주는 동작입니다. 두 발바닥을 마주 붙이고 양손으로 발가락을 잡아 회음부 가까이로 끌어당기며 내려갑니다. 어깨나 목에는 힘이 들어가지 않도록 주의합니다.

현 자세

현 자세는 옆구리를 늘이고 수축시키는 동작으로, 허리 근육을 풀어 주고 골반의 위치를 바로잡아 줍니다. 앉은 상태에서 왼발은 안쪽으로 접고 오른발은 뒤쪽으로 접고 오른쪽 발목은 90도 꺾습니다. 양손은 머리 뒤에서 깍지를 끼고 쭉 뻗어 척추를 충분히 편 다음, 숨을 들이마시고 내쉬는 호흡에 몸을 오른쪽으로 내리며 시선은 하늘을 봅니다. 가슴을 펴 왼쪽 팔꿈치가 하늘을 향하게 하며 몸무게가 무릎으로 가지 않도록 합니다. 3회 정도 복식호흡을 하고 상체를 세워 처음 자세로 돌아오고, 다리를 바꾸어 반대쪽으로도 실시합니다.

고양이 자세(Modified Marjaryasana)

  허리와 등의 근육을 풀고 요추를 안정화시키는 데 효과적입니다. 허리통증이나 척추질환에 유용하며, 임신부의 척추를 보다 탄력 있게 만들어 줍니다. 또한 완성된 등펴기 고양이 자세는 30주 이후 태아가 골반 아래로 머리를 돌릴 수 있도록 돕습니다.

바닥에 무릎을 꿇고 어깨너비로 벌리고, 양손은 상체와 다리의 각이 90도가 되도록 바닥을 짚습니다. 양손의 간격도 어깨너비로 벌리고, 발등과 발가락이 완전히 바닥에 닿게 한 후 등을 평평하게 합니다. 복부에 힘을 주면서 등과 허리를 위로 둥글게 만들었다가 내려 아치를 만듭니다.

올렸다 내렸다를 5회 정도 반복 후, 양손을 30센티미터 정도 더 뻗어 숨을 내쉬면서 양팔을 최대한 앞으로 뻗어 바닥에 가슴과 턱이 닿을 만큼 내립니다. 엉덩이는 최대한 하늘로 올리고 등이 곧게 펴지도록 한 후, 30초 이상 그 자세를 유지합니다.

구름다리 자세

  등을 바닥에 대고 누워 무릎을 세웁니다. 발뒤꿈치를 골반 가까이 놓되 붙지는 않도록 하고 자세를 유지합니다. 숨을 들이마시면서 골반부터 가슴까지 들어올립니다. 이때 골반을 올린 상태에서 무릎이 벌어지지 않도록 합니다. 골반 밑에서 깍지를 끼고 어깨를 모아서 호흡을 편안하게 유지합니다. 동시에 견갑골을 풀어 주는 효과가 있습니다. 숨을 내쉬면서 천천히 팔을 풀어놓고 등에서부터 천천히 척추 마디 하나하나를 바닥에 대듯이 내려옵니다.

  임신 중기가 되면 배는 점점 더 나오고 자세가 틀어지며 요추가 뒤로 밀리게 되어 허리통증이 시작됩니다. 소화불량이나 변비, 허리통증을 예방하고 자궁의 근력을 향상시켜 줍니다.

다리 밀기

　무릎을 구부린 채 90도 각도로 양손을 뻗어 손바닥으로 무릎을 밀어내고 무릎은 손바닥 쪽으로 밀어냅니다. 요추를 길게 늘이면서 바닥으로 내려 줍니다. 척추의 통증을 풀어 줍니다.

몸속의 나쁜 가스를 배출하며 요통을 완화시켜 줍니다. 다리를 일자로 쭉 편 후, 한쪽 무릎을 구부려 양손으로 감싸안고 가슴 쪽으로 보냅니다. 반대쪽 다리도 반복합니다. 이때 배가 너무 눌리지 않도록 주의합니다.

척추 비틀기

바르게 누워 발끝을 90도로 세우고 양팔은 어깨선과 나란히 옆으로 뻗어 줍니다. 오른쪽 다리를 들어 왼쪽 손끝 방향으로 넘깁니다.

임신 중기 요가 아사나(60분 소요)

❶ 서서 다리 풀기

❷ 허리 풀기

❸ 변형 나무 자세(스쿼트)

❹ 밭매기 자세

❺ 나비 자세

❻ 현 자세

❼ 고양이 자세

❽ 무릎 밀기

❾ 구름다리 자세

❿ 바람 빼기

⓫ 척추 비틀기

⓬ 모관운동

⓭ 사바아사나 자세

태교여행을 떠난다

임신 중기가 되면 안정기에 접어들어 근교의 여행이 가능해
집니다. 해외여행시에는 장시간 비행기를 타지 않도록 하며,
만일의 상황에 대비하여 여행지 인근 산부인과를 미리 파악
해 두는 것이 좋습니다. 여행지를 알아보고 무엇을 할지 고민
하는 것 역시 즐거운 추억거리가 될 것입니다. 출산과 동시에
산모는 최소 21일의 산욕기에는 바깥활동이 불가능하며, 특히
겨울철이라면 아기가 100일이 되기 전까지는 외부활동이 어려
워지는 만큼 임신기간에 많은 추억을 만들어 놓도록 합니다.
아기를 돌보다가 지쳤을 때 이러한 추억들은 마음의 힘이 됩
니다.

국내 추천 여행지

• 서울특별시

　어린이대공원(서울) www.sisul.or.kr

• 경기도

　고구려대장간마을(구리) www.goguryeotown.co.kr

　동구릉(구리) donggu.cha.go.kr

　들꽃수목원(양평) www.nemunimo.co.kr

　산들소리수목원(남양주) www.sandulsori.co.kr

　세미원(양평) www.semiwon.or.kr

　아침고요수목원(가평) www.morningcalm.co.kr

　천문대 여행(양주) www.starsvalley.com

　호수공원(일산) www.lake-park.com

• 강원도

　낙산사 템플스테이(양양) www.naksansa.or.kr

　남이섬(춘천) www.namisum.com

　삼화사 템플스테이(동해) www.samhwasa.or.kr

　월정사 전나무숲길(평창) www.woljeongsa.org

　천문대 여행(영월) www.yao.or.kr

　힐리언스 선마을(홍천) www.healience.co.kr

• 충청도

　세계꽃식물원(아산) www.asangarden.com

- 전라도

  도갑사 템플스테이(영암) www.dogapsa.org

- 경상도

  남해 독일마을(남해) www.남해독일마을.com

  남해나비생태공원(남해) butterfly.namhae.go.kr

  대원사 템플스테이(산청) www.daewonsa.net

  울산 대공원(울산) www.ulsanpark.com

  장생포 고래박물관(울산) www.whalemuseum.go.kr

  송정 토이뮤지엄(부산) www.toysmuseum.kr

  천문대 여행(영천) boao.kasi.re.kr

  천문대 여행(장흥) www.jhstar.kr

- 제주도

  마린파크- 돌고래 체험(제주도) www.marinepark.co.kr

- 기타

  V트레인 백두대간 열차 www.v-train.co.kr

  한옥에서의 하루 www.hanok.visitkorea.or.kr

해외 추천 여행지(비행기 4시간 내 단거리)

오키나와 이야기 www.visitokinawa.jp/kr

괌 관광청 welcometoguam.co.kr/xe

마리아나(사이판, 티니안, 로타) www.mymarianas.co.kr

즐거운 태교여행을 하셨다면, 여행지에서 그림을 그리는 데 필요한 재료를 구합니다. 기억에 남는 한 장면을 담은 폴라로이드 사진도 좋고, 여행지의 사진을 인쇄해도 좋습니다. 돌멩이 · 나뭇잎 · 꽃잎 · 조개 등 모든 것이 훌륭한 재료가 될 수 있습니다. 나의 느낌이나 감정을 놓치지 않고 그 순간을 저장해 둡니다. 아기의 모습을 상상하며 그려도 좋고, 낙서를 하듯 색연필로 그림을 그리고 여행지에서 주워 온 재료로 장식을 합니다. 여행지에서의 추억과 함께 그림에는 나의 행복한 에너지가 그대로 담길 것입니다.

출산 후 수유기에 접어들어 20분 혹은 30분씩 한 자세로 아기에게 젖을 먹이는 일은 목과 허리에 통증을 유발하고, 한밤중 수유를 해야 할 경우 수면부족으로 피로가 누적됩니다. 수유시간 동안 아기가 젖을 잘 빠는지 지켜보느라 수고한 목이 쉴 수 있도록 고개를 들어 벽에 걸어놓은 그림을 바라봅니다. 아기가 주었던 행복한 순간들을 떠올리며 여행했던 그때로 떠나 봅니다. 그림에 저장되어 있는 긍정적 에너지가 내 몸과 마음으로 금세 전이되어 새로운 에너지를 얻게 됩니다.

또한 생활 속에서 힘을 얻을 수 있는 것들을 많이 개발합니다. 여행을 다녀온 사진을 벽에 장식해 놓거나 행복한 순간의 사진을 휴대전화 화면이나 컴퓨터 화면에 배치합니다. 좋은 문구를 가까이하는 것도 긍정적 에너지가 됩니다. 가능하면 긍정의 문구가 들어간 장식도구로 집안을 꾸미도록 합니다.

**임신 말기
(7개월~분만)**

산모 임신선이 진해지고 자궁이 커집니다. 커진 자궁 때문에 가슴이 답답할 수 있고 신경이 예민해집니다. 분만에 대한 준비를 하며 마음을 잘 다스립니다.

태아 태아의 신체감각이 발달하고, 폐와 소화기관이 거의 완성되고 뇌세포가 활성화됩니다. 머리를 골반 아래로 향한 채 밖으로 나올 준비를 하게 됩니다.

명상요가로 몸과 마음의 힘을 키운다

　현대인들의 좌식 화장실문화와 의자에 앉아 있는 생활의 변화는 골반과 허리를 받쳐 주는 근육과 하체를 약하게 만들고 있습니다. 임신부의 경우는 배가 나오면서 몸 전체의 순환이 정체되는 만큼, 자주 자세를 바꾸어 주며 오래 앉아 있지 않도록 합니다. 임신 말기 37주가 되면 태아의 폐가 완성되므로, 38주부터 40주까지는 매일 1시간 이상 바르게 걷기 운동과 더불어 밭매기 자세로 자연분만시 힘을 낼 수 있도록 하체의 힘을 키웁니다.

변형 나무 자세(스쿼트)

어깨에 힘이 들어가지 않게 팔꿈치를 구부린 후 두 팔을 편하게 앞으로 뻗습니다. 시선은 정면보다 살짝 아래로 하여 멀리 바라봅니다. 두 다리는 어깨너비로 벌리고, 발끝과 무릎의 방향을 같게 하여 무릎에 무리가 가지 않도록 몸무게를 골반 쪽으로 보냅니다.

밭매기 자세

밭에서 김을 매듯이 구부리고 앉아 두 무릎을 가까이 모았다 벌렸다를 반복합니다.

누운 상태에서 두 무릎을 구부린 채 벌린 후 상체를 들어 복부를 내려다봅니다. 목뒤와 어깨에 과도한 힘이 들어가지 않도록 하며, 배가 너무 눌리지 않도록 주의합니다.

임신 말기 요가 아사나(60분 소요)

❶ 다리 풀기

❷ 허리 풀기

❸ 손목 풀기

❹ 어깨 풀기

❺ 목풀기

❻ 변형 나무 자세(스쿼트)

❼ 밭매기

❽ 구름다리 자세

❾ 무릎 밀기

❿ 만출 자세

⓫ 척추 비틀기

⓬ 모관운동

⓭ 사바아사나 자세

바르게 걷기 운동을 시작한다

걷기 운동만큼 쉽게 할 수 있으면서 효과가 좋은 운동은 없을 듯합니다. 임신 말기가 되면 부풀어오른 배로 몸의 중심이 자꾸 뒤로 가게 되고 자기도 모르게 팔자로 걷게 됩니다. 임신 막달에 살이 너무 찌지 않도록 바르게 걷기 운동으로 체중 조절에 힘씁니다. 체중 때문에 관절에 무리가 올 수 있으므로, 처음부터 오래 걸으려 하지 말고 조금씩 시간과 속도를 늘려 갑니다.

임신 초기 산책부터 시작했다면, 이제 파워 워킹처럼 조금 빠르게 코끝에 땀이 날 정도로 걷기를 연습합니다. 자세는 바르게 가슴을 펴고, 멀리서 보았을 때 11자가 되도록 걷습니다. 발뒤꿈치부터 바닥에 닿게 하여 몸무게를 이동시키고, 발 안쪽 전체를 자극하면서 엄지발가락과 2, 3번째 발가락 사이로 바닥에 닿게 걷습니다.

발바닥 안쪽에는 갑상선 · 위 · 췌장 · 십이지장 · 신장 · 방광 등의 중요한 반사구가 몰려 있어, 바르게 걸으면 골고루 자연스럽게 자극하는 역할을 하게 됩니다. 그 반면 팔자로 걸으면, 발바닥 바깥쪽인 어깨 · 간 쪽으로만 몸무게가 집중되어 어깨 경직과 간의 피로를 불러일으키고, 무릎연골이 점점 닳아 골반이 벌어지게 됩니다. 그러한 영향은 보상작용으로 허리에 과도한 굴곡을 만들고, 어깨를 굽게 하고, 목이 앞으로 나오게 되는 일자목의 형태를 만들어 내장하수(內臟下垂)와 허리·목·어깨통증을 유발합니다. 바르게 걷는 방법 하나만으로 이 모든 것을 예방할 수 있으니, 많이 걷는 것보다 어떻게 걷는가가 건강을 좌우한다고 할 수 있습니다.

시선은 정면을 향하고, 가슴을 쫙 폅니다.

턱은 당기고, 어깨와 팔에서는 힘을 뺍니다.

팔은 크게 흔들고, 코로 호흡합니다.

발뒤꿈치부터 바닥에 닿게 하고, 엄지발가락과 2, 3번째 발가락 사이에 몸무게 중심이 실리도록 걷습니다.

행복한 분만 상상하기로 출산을 준비한다

임신 · 분만 · 산욕시에 나타나는 불수의적 자궁근의 수축. 그 시기에 따라 임신진통, 분만진통, 출산 후의 후진통으로 분류합니다. 모든 명상요가나 걷기 운동시 자궁수축의 느낌이 오면 동작을 멈추고 편안히 호흡하도록 합니다. 임신 말기가 됨에 따라 임신진통의 빈도와 강도가 증가하여 전진통이 되고 분만준비 상태가 되므로, 진통은 필수불가분한 요소라고 할 수 있습니다.

분만진통은 개구기 진통 · 만출기 진통 · 후산기 진통으로 나누며, 경관 및 자궁구를 개대(開大)하여 태아 및 태반을 만출시킵니다. 진통의 특성은 자궁근의 수축과 이완을 반복하는 것인데, 진통주기가 10분 이내가 되는 시점부터 분만시기로 간주하며, 진통의 간격이 일정해지면 미리 출산준비를 한 가방을 가지고 병원으로 출발합니다.

35주가 넘으면 미리 간단한 속옷과 기저귀, 아기의 속싸개와 겉싸개 등을 준비해 놓습니다. 병원에서 패드와 배냇저고리와 속싸개를 주는 곳도 많으니, 필요한 물품이 무엇인지 미리 물어 보도록 합니다. 만출기의 진통은 개대시 진통보다도 발작시간이 길며 강도도 강합니다. 2~3분 간격에서부터 점점 빨라지며, 태아 만출에는 이 진통과 복압의 협동이 필요하니다. 분만의 과정에 대한 몸 적응훈련과 더불어 행복한 분만 상상하기로 진통에 대비하고 안전한 분만을 할 수 있도록 돕습니다. 몸 적응훈련으로는 누워서 하는 도구 이완법과 더불어 개화 상상하기로 분만에 관한 긍정적 이미지를 발달시키도록 합니다.

도구를 사용한 이완법을 출산 시뮬레이션이라고 할 수 있는 개화 상상하기 방법과 함께 해 봅니다. 물론 따로 개화 부분만 상상해도 좋습니다. 이완법을 통해 미리 출산을 경험하는 것은 실제 상황에서 평정심을 갖고 통증을 완화시키며 자연스럽게 출산을 하도록 돕습니다.

개화(開花) 상상하기

자궁경부가 열리는 것을 시각화하여 분만에 대한 공포심을 없애도록 합니다. 불쾌한 산도나 자궁경부를 생각하는 대신 자신이 좋아하는 꽃이 피어나는 장면을 마치 영화를 보듯이 상상합니다. 개화하는 꽃은 축축함 · 따뜻함 · 펼쳐짐과 아름다움의 요소들이 결합되어 있기 때문에 자궁경부와 산도의 이상적인 메타포(은유)입니다.

진통이 10분 간격으로 올 때를 생각합니다. 이제 꽃이 피어나기 위해 꿈틀거린다고 상상합니다. 꽃봉오리가 탁 터지며 꽃이 맑은 빛으로 둘러싸이게 된다고 상상합니다.

누운 상태에서 허리 아래 베개를 넣고 다리는 어깨너비로 벌리고 양손은 편안하게 바닥에 내려놓습니다. 잠시 두 손을 배에 대고 자극을 느끼며 아기에게 말을 건넵니다. "우리 건강한 모습으로 몇월 며칟날 만나기로 약속하는 거야." 아기와의 대화를 마친 후 자궁경부가 활짝 열리는 장면을 개화 장면과 일치시켜 행복한 분만을 상상합니다. 눈을 감고 강한 자극을 느끼며 허리 뒤의 베개에 모든 것을 맡기고 호흡을 놓치지 않도록 합니다. 가장 좋아하는 꽃인 장미나 백합이나 연꽃의 향기를 상상해 봅니다. 꽃잎 위의 이슬을 떠올리고 산도가 점점 부드럽고 매끄러워지는 것을 상상합니다. 이른 아침 따뜻한 태양빛이 꽃잎을 따뜻하게 하고 내 몸을 따뜻하게 만들어

동백꽃

준다고 상상합니다. 꽃잎이 한잎 한잎 팽창하는 상상을 합니다. 진한 꽃의 향기가 분만실 모든 공간에 가득 차고 꽃이 활짝 핀 모습을 상상합니다. 이후 아기가 매끄럽고 부드러운 산도를 따라 태어나는 모습을 함께 상상합니다.

이제 베개를 굴려 엉덩이에 최대한 붙여 허벅지 뒤에 놓습니다. 다리를 편하게 뻗고 온몸의 힘을 풀어놓습니다. 허리의 통증이 시원하게 바뀌는 것을 느낍니다. 태반이 나오고 온몸에 남아 있는 찌꺼기가 다 빠져나가는 상상을 합니다. 향긋한 냄새가 온 공간에 퍼지고, 내 모습은 온화하고 충만한 행복감에 싸여 있습니다. 아기가 건강한 모습으로 내 품에 안겨 있는 모습을 상상합니다.

무릎을 접고 발로 베개를 굴려 발목까지 내려 줍니다. 마지막으로 베개를 몸 밖으로 밀어낸 후 바닥에 몸을 맡긴 상태에서 편안하게 복식호흡을 합니다. 수백 송이 꽃으로 둘러싸인 정원에 서 있는 자신의 모습을 상상합니다. 나는 행복하고 내 몸은 건강합니다.

꽃광대

노박 열매

노박

공응경

나의 자궁은 꽃보다 아름다운 열매라네.
이제 촉촉한 이슬을 머금고
아주 조심스레 부드럽게 움직이네.
한잎 한잎 꽃보다 아름답게
한잎 한잎 껍질을 벗고
빨간 열매를 보여주네.

나의 자궁은 별보다 귀한 보물창고라네.
따뜻한 별빛이 가득 차서
아주 잔잔히 별빛 물결이 퍼지고
물결에 따라 나는 춤을 추네.
온 곳에 축복의 향기가 퍼지고
행복한 열매가 활짝 미소짓네.

행복한 미래 상상하기

3개월 이후의 모습을 상상해 봅니다. 아기의 백일 잔치를 준비하는 행복한 내 모습을 떠올립니다. 따뜻한 봄날 아기와 함께 산책하는 모습을 상상합니다. 아기가 돌이 되어 아장아장 걷는 모습을 상상합니다. 아기도 나도 건강하고 행복합니다. 어느덧 아기의 첫 번째 생일날입니다. 많은 사람들이 와서 축하해 주고 있습니다. 엄마의 모습은 예전처럼 예쁩니다.

얼마 전 유튜브에서는 '핑크 글로브 댄스(Pink Glove Dance)' 동영상이 엄청난 조회수를 기록했습니다. 그 동영상은 유방암 예방을 목적으로 만들어졌습니다. 200명이 넘는 직원들이 병원에서 분홍색 장갑을 끼고 춤을 추는 모습은 일터를 꿈터로 생각한다는 사실을 느끼게 하고, 병원이 포르말린 냄새가 나는 딱딱한 곳이 아니라 따뜻한 향기가 전해지는 친숙한 곳이란 느낌마저 들게 했습니다. 이어서 '뎁스 오 플래시 몹(Deb's or flash mob)'이라는 동영상이 화제가 되었는데, 평상시 춤추는 것을 좋아하던 유방암 환자가 수술 직전 의사들과 춤을 추는 모습이 마치 축제의 장에 와 있는 것 같았습니다. 보통의 환자들은 공포에 질린 채 딱딱하고 차가운 수술대에 누워 기다릴 수밖에 없는 상황에서 뎁은 용기 있는 선택으로 한 순간에 수술의 장소를 자신만의 방식으로 가장 즐겁고 안락한 곳으로 바꾸었습니다.

수술이 아니라 내 아기와 만나는 특별한 순간인 출산을 의미 있고 기쁘게 만들려는 노력은 당연한 것이라 생각됩니다. 병원마다 가족 분만실에서 배우자가 함께할 수 있으니, 평상시 좋아하는 음악과 향수·풍선·촛불로 분만실을 예쁘게 꾸며 보는 것도 좋을 듯합니다. 분만실 조건상 이러한 이벤트가 어렵다면 동영상 촬영이나 음악 정도는 충분히 준비가 가능할 것입니다. 병원마다 허용 기준이 다르니 선택한 병원의 기준을 미리 파악해 둡니다. 아니면 분만 후 이동하게 되는 병실에 풍선 장식을 하거나 산모의 출산을 축하하는 메시지가 실려 있는 영상편지를 보여주는 것도 좋은 이벤트가 될 수 있습니다. 또는 집이나 산후조리원으로 퇴원할 때 리무진을 이용해 이벤트를 준비해도 좋을 것입니다. 최근에는 다양한 이벤트를 대행해 주는 업체도 많이 있습니다.

　하지만 가장 중요한 것은 정성과 마음입니다. 정성껏 만든 케이크에 '우리 ○○○ 엄마, 고생했어요. 고마워요. 사랑해요'란 문구가 들어가 있다면 산모는 감동하지 않을 수 없을 것입니다. 아니면 정성껏 끓인 미역국을 준비하는 것도 한 가지 방법입니다. 가장 경제적이며 가장 필요한 선물일 것입니다. 산모가 무엇을 가장 좋아하는지 잘 아는 사람은 배우자일 것입니다. 산모가 출산을 준비하듯이 배우자 또한 출산을 위한 이벤트를 준비합니다.

　다른 한편으로는 태어날 아기를 위한 이벤트를 준비합니다. 아기를 위해서는 폭력적인 출산이 되지 않도록 배려하고, 가능하면 탯줄도 색깔이 하얗게 될 때까지 기다려 아기가 놀라지 않게 자르고, 조명을 어둡게 해 주고, 방 안을 따뜻하게 만들어 주도록 합니다. 조용하고 축복된 분위기에서 아기가 평화로운 기분을 느낄 수 있도록 나지막한 목소리로 "건강하게 태어나 줘서 고맙다. 우리는 모두 너를 환영한다. 사랑해!"라고 이야기해 줍니다. 아직까지 가정분만이 많이 이루어지지 않고 있는 상황에서 획일적인 병원의 분만환경을 생각하면 안타깝습니다. 산모가 보는 앞에서 아기가 따뜻한 물에 들어갈 수 있고, 가족 모두가 함께 출산에 참여할 수 있는 분만실을 상상해 봅니다. 국내 병원의 현실상 이러한 것은 상상하지 못할 일이라 여길지 모르겠지만, 많은 산모들이 병원에 요구하다 보면 점차 의사들의 인식도 바뀔 것이라 생각됩니다. 어떠한 방식의 분만을 할지 선택했다면, 출산이 가장 행복한 순간의 이벤트장이 될 수 있도록 노력합시다.

03

마음 관리는
산후가 더 중요하다

나에게 위로의 말을 건넨다

마음태교를 꾸준히 실천했다면 행복한 임신기와 출산이 되었을 것으로 생각됩니다. 사실 가장 마음관리가 필요한 시기는 바로 산후 4주에서 6주까지, 길게는 3개월 동안 입니다. 산후에는 에스트로겐·프로게스테론 등의 호르몬 분비도 바뀌고, 육아로 인한 스트레스, 어머니 역할에 대한 중압감과 관계변화에 따른 심리적 변화로 몸과 마음이 지칩니다. 산모 역시 아기와 똑같은 관심과 배려가 필요한 시기임에도 불구하고 모든 관심이 아기에게 가게 됩니다. 두 손을 가슴에 없고 나 스스로에게 위로와 감사의 마음을 전합니다.

"엄마 되느라 정말 힘들었지? 많이 아프게 해서 미안해."
"그래도 모든 고통을 이겨낸 내가 자랑스러워. 정말 대견해.
잘했어."
"걱정하지 마. 모두 잘될 거야."
"걱정하지 마. 좋은 엄마가 될 수 있을 거야."
"나를 가장 먼저 사랑해 줄게."
"그동안 많이 사랑해 주지 못해서 미안해. 용서해 줘."
"앞으로는 더 많이 아끼고 사랑해 줄게."
"고마워. (자신의 이름을 불러 줍니다.) ○○야, 사랑해!"

이 시기에 임신기간 내내 잠재되어 있던 감정의 파도가 쓰
나미처럼 몰려올 수 있습니다. 쓰나미 같은 큰 파도가 일어나
야 바다의 밑바닥이 청소되듯이, 이 감정의 쓰나미를 진정한
엄마가 되기 위한 정화과정이라고 여기면 좋을 것입니다. 내
감정의 깊은 밑바닥까지 살펴볼 수 있는 기회가 될 것입니다.
눈물이 날 때 닦지 말고 감정에 젖어 충분히 느끼도록 합니다.
그리고 내 모든 감정에 너그러움을 보입니다. 충분히 느끼고
나면 깨끗해진 내 마음에 나 자신을 사랑하는 주문을 외워 따
뜻함으로 채워 넣습니다.

"○○야, 사랑해! ○○야, 사랑해!"라고 반복해서 주문을 외
우며 자주 나 자신과 대화하는 시간을 가집니다.

파도가 높이 솟아오르듯이 마음에 큰 에너지가 생기고, 인간으로서 한 단계 더 성숙된 자신의 모습을 발견할 수 있을 것입니다.

산후 명상요가로 건강한 엄마가 된다

산욕기인 21일간은 자궁이 수축해서 제자리로 돌아가는 시기와 일치합니다. 몸의 모든 기능이 회복될 수 있도록 충분한 휴식을 취하는 데 집중하고, 복잡한 아사나와 과도한 스트레칭은 피하도록 합니다. 산후 2주간은 가볍게 몸풀기를 하고 케겔운동을 자주 합니다. 또한 이 시기는 한 자세로 오랫동안 수유를 하게 되므로 틈틈이 목과 어깨 스트레칭으로 경직되지 않도록 풀어 줍니다.

4주 이후부터는 산책을 통해 숲과 가까이합니다. 자연은 몸의 독기를 빼는 자연해독제입니다. 그리고 햇빛을 받아 세로토닌 분비를 촉진시킵니다. 유산소운동의 효과를 위해 조금 속도를 내어 바르게 걷기를 하면, 허리 근육과 복부 근육이 튼튼해지고 허리통증을 예방할 수 있습니다. 또한 아랫배의 뱃살도 빨리 빠집니다. 자신의 체력에 맞추어 걷기 시간을 차츰 늘려 30분 이상 걷도록 합니다. 2개월 이후부터는 어떠한 운동이든 자신이 좋아하는 것이 있다면 시작해도 좋습니다.

소머리 자세(골반 조이기)

다리를 포개고 앉아서 무릎이 일직선이 되도록 해 줍니다. 숨을 들이마시며 척추를 바로 세워 줍니다. 양손으로 용천혈을 잡고 숨을 내쉬며 상체를 숙입니다. 이때 하복부와 항문 괄약근 · 요도 괄약근 · 질 괄약근에 힘을 주고 15초 이상 정지합니다. 숨을 내쉬면서 상체를 전굴시키고 골반저 근육 강화운동을 함께 합니다. 다리를 바꾸어 반복합니다.

구름다리 자세

    양발을 11자로 하고 엉덩이를 들어 아치 모양을 만들며, 척추가 길고 부드러운 곡선이 되도록 해 줍니다. 산전에 했던 구름다리 자세와 같지만, 두 무릎 사이에 공을 잡고 있다는 느낌으로 무릎을 가까이 모아 골반을 조이고 괄약근에 힘을 줍니다. 허리의 군살이 제거되면서 탄력이 생기며, 요추와 미추의 이상으로 인한 요통이 완화되고 허리와 척추가 튼튼해집니다. 골반을 조여 요실금을 예방하고 자궁을 강화시켜 줍니다. 하체의 군살 제거에 효과적입니다.

복부 강화 자세

무릎을 구부리고 상체를 들어 주는 방법으로 가장 안정적인 복부운동 중 하나입니다. 신체를 바르게 정렬하고 복부를 등 쪽으로 붙이고 요추를 펴서 보호해 줍니다. 이때 복부 근육이 수축하는 것을 느끼면서 15초 이상 유지, 반복합니다. 상체를 드는 정도는 바닥에서 어깨가 약 15센티미터 떨어져 손끝이 무릎에 닿도록 합니다. 몸의 앞부분인 목 앞 라인과 복부의 힘으로 상체를 들고 어깨와 목뒤의 힘을 빼도록 합니다.

산후요가 아사나(30분 소요)

❶ 다리 풀기

❷ 허리 풀기

❸ 손목 풀기

④ 어깨 풀기

⑤ 목풀기

⑥ 소머리 자세

❼ 현 자세

❽ 물고기 자세

❾ 구름다리 자세

❿ 복부 강화 자세

⑪ 척추 비틀기

⑫ 모관운동

⑬ 사바아사나 자세

⑭ 옆으로 누워서 쉬기

끝머리에

　우리나라 산후조리원은 외국에서도 원정을 올 정도로 산후요가·마사지 등의 다양한 서비스가 제공되며, 점점 고급화·비즈니스화되고 있습니다. 많은 산모들이 2주에서 3주간 산후조리원을 이용하는데, 화려한 인테리어를 자랑하는 서울 시내의 산후조리원은 2주간 비용이 최소 250만 원을 넘습니다.

　산후에는 따뜻한 친정어머니의 품 같은 배려와 위로가 가장 필요함에도 불구하고 정작 중요한 마음관리에 중점을 두는 곳은 많지 않습니다. 병원과 분유업체와 보건소에서도 출산교실과 연계된 태교 프로그램을 진행하며, 각종 문화센터에서도 태교 관련 강좌를 들을 수 있지만, 임신부의 몸과 마음을 통합한 프로그램은 많지 않습니다. 무엇보다 중요한 마음관리에 대한 태교 프로그램이 늘어나고, 출산환경의 보다 인간적이고 자연스러운 변화와 가정분만 등의 다양한 선택이 가능한 사회가 되기를 바랍니다.

이 책은 강력한 마음의 힘만 믿으면 누구나 쉽게 마음태교를 실천할 수 있도록 되어 있습니다. 나 자신을 먼저 변화시키고 성장하며 가족과 후손의 역사를 바꾸는 데 기여하는 가장 쉬운 육아비법입니다. 아름다운 출산과 행복한 성장을 꿈꾸며…

인간을 완성시키는 인격과 지능 그리고 재능은 무한한 노력에 의해 이루어진다. 그 노력의 시작이 바로 태교다. 이 책은 산모의 마음관리뿐만 아니라 태아의 정신은 물론 신체발달에도 도움이 되는 금과옥조가 담겨 있는 태교에 유용한 실용서다.

강준한(가톨릭의과대학 통합의학교실 외래교수)

새로운 출발과 희망의 시간에 신이 주신 축복의 선물은 첫딸이었다. 뱃속의 아이가 건강하게 잘 자라기를 바라는 기도와 묵상(혹은 명상), 시와 독서는 힘든 임신시기를 잘 보낼 수 있게 해 주었다. 뱃속의 아이도 엄마의 마음을 잘 알았는지 건강하게 태어나고 잘 자라 주어서 기쁘고 감사하다. 이제 시집 갈 나이가 된 나의 딸들에게 이 책을 선물하고 싶다.

　　　　　　최소영(시인, 한국시치료연구소장, 문학치료학 박사)

태교는 임신부에게 행하는 정신적인 안정과 수양을 도모하는 지혜로운 교육이다. 현대의학이 발달하면서 태아도 외부의 인위적인 자극에 능동적으로 반응한다는 사실을 밝혀내고 있다. 이런 의학적 진전은 태아의 심리적 안정을 위한 태교가 전통적 지혜에 머물지 않고 입증되기 시작했다는 가시적 성과를 보여준다. 저자는 이에 발맞추어 디지털시대에 사는 임신부들에게 요긴한 프로그램을 선물하고 있다. 임신부가 필독해야 할 현대판 수양서다.

이근후(사단법인 가족아카데미아 원장)

웰빙과 힐링이 각광받는 새로운 시대의 도래 속에서 요가 · 명상 등 심신수련과 관련된 전문가들이 매우 많아졌다. 그러나 이론 · 실제 · 경험 · 경력 등을 모두 갖추고, 사업적 마인드와 사회적 책임의식을 두루 갖춘 전문가들은 그렇게 많지 않다. 이 책의 저자 공응경 박사는 우리나라에 몇 안 되는 바로 그런 분이다. 인생에서 가장 중요한 교육이라고 할 수 있는 태교에 대해 참으로 멋지고 통찰력 있는 분석을 해 주었다. 어린아이를 가족으로 맞이하실 모든 부모님과 조부모님들, 필독을 강력하게 권한다.

정은성(주식회사 에버영코리아 대표이사)